橡皮章 STAMP 创意工作坊

DESIGNING AND CREATING CUSTOM STAMPS

[美]朱莉·菲-凡·巴尔泽 著

徐立 译

上海人民美術出版社

图书在版编目（CIP）数据

橡皮章创意工作坊 / （美）朱莉·菲-凡·巴尔泽著；
徐立译 . -- 上海：上海人民美术出版社，2020.1
（ART创意训练营）
书名原文：Carve, Stamp, Play
ISBN 978-7-5586-1450-7

Ⅰ . ①橡… Ⅱ . ①朱… ②徐… Ⅲ . ①印章 - 手工艺
品 - 制作 Ⅳ . ①TS951.3
中国版本图书馆CIP数据核字（2019）第223982号

ART创意训练营

橡皮章创意工作坊

著　　者：[美]朱莉·菲-凡·巴尔泽
译　　者：徐　立
统　　筹：姚宏翔
责任编辑：丁　雯
流程编辑：马永乐
封面设计：李双珏
版式设计：胡思颖
技术编辑：史　湧
出版发行：上海人民美术出版社
　　　　　（上海长乐路672弄33号 邮编：200040）
印　　刷：上海丽佳制版印刷有限公司
开　　本：889×1194　1/16　印张9
版　　次：2020年1月第1版
印　　次：2020年1月第1次
书　　号：ISBN 978-7-5586-1450-7
定　　价：75.00元

> 我认为当孩子诞生之时，如果孩子的母亲可以要求仙女教
> 母赋予孩子一件最有用的礼物，那这礼物便是好奇心。
> ——埃莉诺·罗斯福（Eleanor Roosevelt）

致谢

本书在一群好朋友的帮助下得以成书。

我要感谢我的"搅局女孩儿"，没有她们就不会有本
书。她们不间断地支持和唠叨，鞭策我跨步前行。

Interweave出版社的很多人都给予过我帮助。
我很感谢Interweave出版社给予我的帮助，特别感
谢以下两位：我的编辑，米歇尔·布莱德森（Michelle
Bredeson），谢谢她的好建议和贴心的提示；我的朋友
兼导师珍妮·梅森（Jenn Mason），感谢她给我的鼓励，
慷慨而不断的支持。

我要感谢我的博客读者，你们热情洋溢的评论总是
会让我燃起斗志，让我知道我所从事的印章刻制是一件
特别有意义的事情。

同时，我还非常感谢我的每一位学生，无论是线上还
是线下跟着我学习刻章的学生，他们教会了我如何去教
授刻制印章。那些班级，那些问题，那些突破，交织在一
起，构成了本书的框架。

我还要感谢我的父亲理查德·巴尔泽（Richard
Balzer），我的兄弟马修·巴尔泽（Matthew Balzer），
以及我的母亲艾琳·苏·巴尔泽（Eileen Hsü-Balzer），
感谢他们给我的呵护与支持，这些爱护与支持不仅仅是
在本书撰写过程中，更是贯穿我的人生。可以说，今天我
能成为艺术家离不开他们的帮助。

最后，我要特别感谢我的妈妈仔细阅读本书，耐心
聆听我无休止的抱怨，不断鼓励我，灌输给我强烈的好
奇心。

目录

前言

版画是一种生机勃勃的艺术样式，数百年来人们在全球各地传承并延续着这门技艺。有些印刷制品很可能已经是你日常生活中的一部分，我们可以在纺织品、文具、衣物等各种物品中找到它们的身影。版画可以通过一块经雕刻的材质（木版、吹塑版、橡胶版、麻胶版、石头）印制而成，在雕刻过的底版上涂上油墨，再将图像转印到纸张或其他织物上。

本书的目的是向大家展现版画的一个方面，即雕刻橡胶版印章。多年前，我爱上了雕刻橡胶印章，在此我很高兴能与读者分享这份对雕刻橡胶版印章的热爱。过去的13年间，我蜗居在纽约市一间小公寓里，一直在寻找一些可以不占用太大空间、无需花费很多材料的项目，而印章雕刻恰好满足了这个条件。不仅如此，印章雕刻还是一种便于携带的艺术样式。我有个旅行小套装，出门时喜欢一直带在身边。我甚至还曾花两周时间在履行大陪审团义务之余，利用宝贵的休庭时间刻制印章。

我热爱那些具有强烈艺术家手感的手刻印章，用它们可以很容易印制出具有多重效果的版画。我倾心自己的这些原创版画。私以为，正宗的艺术关乎两点，一是要接受自己的全部作为一名艺术家，二是要拥抱自己的实力和弱点。有些事情我很擅长，而有些事情却是我不那么擅长的。在此，不是将自己与他人做比较，而是关乎如何用自己的双手全身心地去创造艺术。真正的版画便是这样创造出来的。我可以用一枚商业印章来创作真正的版画，但那样需要很多层次，做不少工作来使这件作品看上去是我的作品。然而，当我用自己亲手刻的印章进行创作时，作品立即呈现出我的风格。

无论是在教书，写博客，还是与朋友一起创作，我嘴边总离不开一句话："没有错误，只有创作机会。"很多人会被刻印章这件事儿吓倒，他们确信刻制印章需要相当程度的完美度。对此，我不敢苟同。事实上，印章的刻制需要灵活性和放松的心态。当我刻制印章时，我会边刻边为自己创造足够多的"创作机会"。最重要的是保持灵活性，拥抱机遇并前行。我不是在制作完美的印章，我是在做原创的印章。

当你读到这里，我要恭喜你，因为你很可能对刻制印章有些兴趣，但你或许会因它的难度而紧张。在此，我可以告诉你，在我的教授生涯里，没人说过："这事儿比我想象的辛苦多了。"相反，学生们经常声称进行创意印章刻制比他们预期的要简单许多。事实上，刻橡胶是会上瘾的，因为你会惊讶它是如此容易上手。

俗话说"授人以鱼不如授人以渔"，而本书的目标正是教给大家如何"捕鱼"。因此，我将此书设计成阶段式学习的形式：工作坊部分的十节课程意在帮助大家掌握整个刻制过程的每个要点，每节课都是建立在前一节课的基础之上，环环相扣；之后的两个部分是关于设计印章，在设计过程中，你会真正发掘自己作为一名印章创作者的心声。在此，我会教给大家如何做的方法，这样大家就可以将任何你想到的设计刻成印章了！

CHAPTER 1

基础知识

当你开始创作自己的印章设计和定制版画之前，需要知道一些基础知识。本章节中，我将介绍需要用到的所有材料和工具，以及你在创作中将会使用到的版画技法。

材料和工具

开始印章的刻制无需准备很多材料。事实上，如果有必要，你只需要刻刀和一些雕刻工具便可以入门。换而言之，下文所述的所有装备都能轻而易举地获得。对于指定的装备，我还说明了在哪里可以买到，以及品牌的名字。

橡胶版印章雕刻所需材料

麻胶版雕刻刀

这将是你在橡胶版印章雕刻时所使用的工具。我喜欢Speedball牌的麻胶版雕刻刀，一套由五把刀组成。这些刀不用时可以存放在刀柄里。每一把刀都有编号，#1代表最小。

有些人喜欢根据每种刻刀的尺寸分别另配刀柄（你可以单独购买刀柄和刀），这样一来就不用花时间换刀头了。而我因为住在一个小公寓里，没地方摆放很多刀柄，所以只用了两个刀柄，一把专配#1，或是最小的刻刀，另一把则用来安装大一些的刻刀，通常是#3和#5。

> **TIP**
> 你的刻刀在使用了一段时间后会变钝。如果你注意到自己在雕刻时需要花费更多的力气，那很可能是时候更换你的刻刀了。你也可以磨一磨这些用钝的刀，毕竟比起购买新刀头，磨刀既便宜又简单。

橡胶版

市面上有很多种类的软橡胶版可供选择。每种品牌和风格各有其利弊。我喜欢Speedball牌的快速雕刻（Speedy Carve）系列橡胶版，因为对我而言，它能划出刚柔并济的完美线条，不会崩裂。我喜欢在旅行时带着我的印章，同时我发现很多用其他材质雕刻好的印章会在途中一裂为二，哪怕很小的一段旅程也会破碎。

除了橡胶版之外，还有很多其他材质的表面可以用来雕刻印章，诸如麻胶版、软木版、吹塑版和橡皮等。虽然本书中教给大家的有些技法也可以适用于其他材质的表面，但是我个人还是倾向于橡胶版，因为这种材质雕刻起来容易，形状可以控制，允许出错，印出来的图像特别清晰。

美工刀

我用一把长柄美工刀将橡胶板切割成小块，还可以修剪我的印章。这种刀通常有可以掰断的刀片，在大多数五金店可以买到。使用美工刀时，请保护好雕刻面。因为没人喜欢餐厅的桌子上有刻刀痕迹。

玻璃纤维板

我喜欢将一块玻璃纤维板当作切割和雕刻的台面。不仅是因为玻璃纤维板可以保护雕刻面，还因为它的表面相当光滑，所以当我雕刻时橡胶版在上面可以轻而易举地滑动。此外，当用美工刀刻橡胶版时，我发现可以真的感觉到这块玻璃纤维板的存在，也就知道什么时候刀片已经穿过了橡胶版。当然，我们并不是总能指望可以唾手可得一块具有自我修复能力的垫子，所以往往可以用一块商用玻璃纤维板或只是简单一块玻璃替代。据我所知，你可以将墙上一幅带框图片卸下，将之当作垫子，用完后再挂回去。如果你用的是一块普通平玻璃，安全起见，我建议你还是将玻璃角都包起来。

纯白复写纸

我在纯白复写纸上将想法勾画出来，转印设计稿，制作试印版画。如果你想特别环保，可以找找垃圾箱，使用那些印过单面的废纸。

尺子

我推荐使用一把带有金属边缘，或是一把透明塑料压线尺，在你裁剪时可以用到这把尺子。我特别欣赏带有网格线的透明塑料尺，这样你便无需去量，只需要简单数格子就可以了。

铅笔和铅笔刀

我所有的印章设计稿转印（见第15页）几乎都用铅笔。

圆珠笔

我喜欢收集一整套彩色圆珠笔来做设计，它们可以画在纸上和印章底版上。当需要多次修改设计时，我倾向

用樱花牌月光凝胶墨水笔来绘制那些实例，就像套色印章中出现的情况（见第90页）。多种颜色让你能够看清每次要做的部分。

记号笔

雕刻过程中时常会遇到困难。这时，我会使用一支记号笔来标记设计，这样便能够记住什么是要刻掉的，什么是要保留下的。我喜欢用双头记号笔，因为它有双头，小尖头可以画细线，大圆头可以用来为较大面积上色，而且这款记号笔在橡胶上书写起来非常简单。（我发现并不是所有的记号笔都如此。）

丙酮（卸甲水）、纸巾和勺子

将一款设计转印到底版上的方式之一是使用丙酮（见第17页）。你可以购买一瓶丙酮，或者使用含有丙酮的指甲油卸甲水。你可以用纸巾蘸取丙酮涂抹，接着用一把勺子打磨。

基本雕刻工具：橡胶底版、玻璃纤维板、美工刀、麻胶版雕刻刀以及可替换刀头。

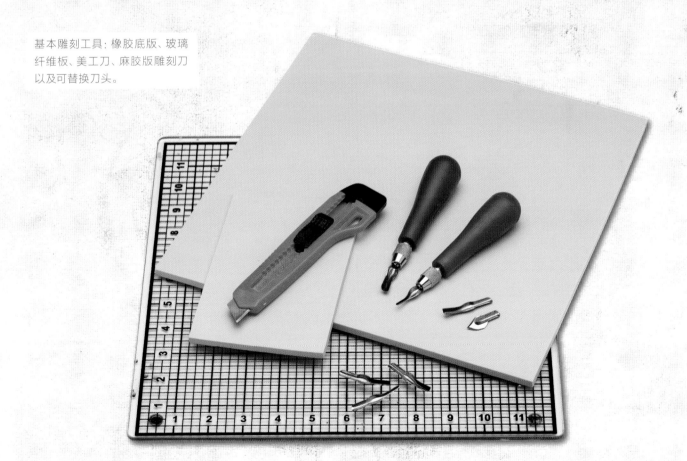

印刷用品

印在纸或布上

　　你可以印在任何表面——纸、布、木、金属等。你会发现，表面越是纹理丰富，印出的作品越不完美，而越是光滑的表面印出的作品越完美。这里，决定权全在你。我喜欢在色调一致的棉布、画布、旧书（上色和没上色的）、热压水彩画纸、图案花纹色调一致的剪贴薄纸上印。

剪贴薄纸

旧书和旧杂志的内页

上了丙烯颜料
的旧书内页

纯色印花布

StazOn牌印泥

Distress Ink牌印泥

Archival Ink牌印泥

印泥

印泥是很容易获得的东西，包含了许多不同种类的油墨。我喜欢的印泥包括Distress Ink牌、StazOn牌以及Archival Ink牌。试印时，我几乎都是用一种黑色的Archival Ink牌印泥，因为这款印泥干起来很快而且防水。当然，Archival Ink牌印泥可能会弄脏我的印章，一旦油墨在印章上干了，便不会脱落，即使这枚印章之后用其他颜色再印。

瓶装补充墨

有瓶装的印章用墨。当你的印泥干掉时，可以用瓶装墨填充。但要确保这些补充墨的制造商和颜色与你的印泥匹配。你也可以用这些瓶装墨来制作原创印泥。

自制印泥毡

这是Ranger牌制造的一款产品，可以用来自制印泥。本质上，它只是一块大小为20.5cm×25.5cm的空白印泥垫，一面是工艺泡沫塑料，另一面由几层毡构成。

自制印泥毡和瓶装补充墨

印刷油墨

你可以使用水性或油性印数墨。油性墨具有很强的味道，所以有些人不喜欢，而且油性墨干起来要久一些。可以这么说，印刷油墨最大的好处就是无论是水性还是油性，开封后可以放很久，这一特性可以让你直接在印章上调色。此外，你也无需担心在印制时印刷油墨在印章上变干。

丙烯颜料

印刷油墨之外，还有一个不错的选择，就是颜色种类繁多的丙烯颜料。然而，在使用丙烯颜料时你必须要确保用完后立即弄干净你的印章。这是因为丙烯颜料干起来很快，一旦在你的印章上干透了，便会永久性地改变你的印章表面，不仅如此，还会影响到你雕刻在印章上的设计图样。所以，我喜欢随身携带婴儿湿巾，以便可以立即清洁我的印章。

调色用纸

有种可以放在垫子上的一次性纸张。你可以在这种一次性纸张表面晕开你的印刷油墨或颜料，用完之后扔掉即可。你也可以用一片玻璃，甚至是一张页面保护纸包裹在桌子上当调色板用。

滚筒

滚筒用起来十分便利，主要有两个原因：（1）作为一个可雕刻的表面，它可以创造出一枚具有滚动模式的印章（见第112页）；（2）方便印刷。对于前者，我使用的是Inkssentials牌的橡胶滚筒。至今，我还没有机会使用其他品牌的滚筒来雕刻。至于后者，我喜欢Speedball牌的丙烯和橡胶滚筒。我不推荐大家使用海绵滚筒，因为使用海绵滚筒时，带到印章上的颜料总是比你想要的多得多。

压印垫板

压印垫板是一种原底的手持工具，可以在手印版画时提供均匀的压力。压印垫板在印制较大印章或创作大型版画时非常有用。

TIP 当制作单一版画时，我通常就用自己的手代替压印垫板按压印制；但是在制作稍大些的版画时，压印垫板可以拯救你的手不至于过度摩擦。

发泡贴

如果想将印章粘贴在丙烯底版上（见第24页），你可以用发泡双面胶。这种发泡材料的一面具有永久性黏合剂，可以牢牢粘在橡胶上，另一面有一层涂层，可以暂时攀附在丙烯底版上，方便重复使用。

丙烯印章底版

这些干净的丙烯印章块可以变成很多形状和尺寸，有些甚至还有网格线方便"完美"地放置。我曾经还成功将一个空CD盒作为丙烯印章底版。

简易工具

剪刀

你需要一把普通剪刀来修剪纸张，但如果你用发泡双面胶的话，我还推荐你用一把特殊剪刀。贝印（Kai）牌剪刀被专门设计用来裁剪未安装的橡胶印章垫，然而，我发现它们还可以用来裁剪发泡双面胶。你可以使用普通剪刀，但用普通剪刀裁剪是一段不愉快的经历，这些普通剪刀没有贝印牌剪刀剪起来那么干净、轻松。

牙刷

一把软毛牙刷可以将未干的颜料和油墨从印章的细小缝隙中刷除。

婴儿湿巾

当你工作时，擦干净印章最方便快捷的方法便是用可随身携带的婴儿湿巾。

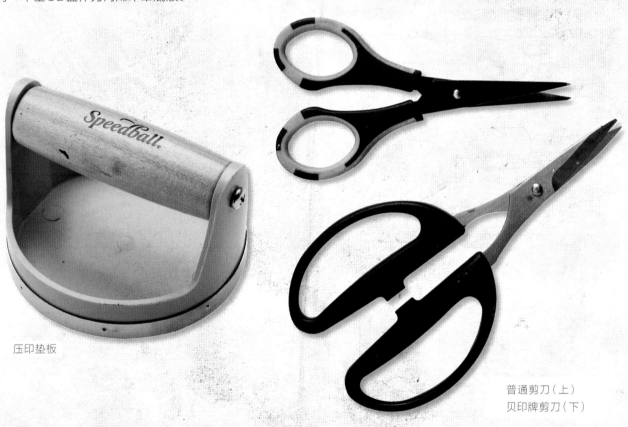

压印垫板

普通剪刀（上）
贝印牌剪刀（下）

如何雕刻橡皮章

无论是刻制一枚简单的还是复杂的印章，都要遵循以下八个步骤。

步骤一：裁剪底版

我喜欢在转印图像前先裁剪橡胶底版，因为小块橡胶更容易捏在手里。在切割时用一块玻璃纤维板垫在下面来保护你的桌子。

针对是否将橡胶切割成完美的方块这一问题，有时候很重要，有时候则不重要。如果需要切割成完美的方块，你需要采用上下切割的动作，而不是将刀片推向自己。由于橡胶富有弹性，如果你在切割时拖动刀片，会刻坏橡胶，它的边缘会不再方方正正。另一个技巧则是浅刻几次而不是深刻一刀。当然，理想状态最好是用铡刀式切割机切割橡胶，然而把印章放到锯子下去切割似乎又太过夸张。

图1

图2

1. 用一把尺和一支圆珠笔做记号，画出你想切割的底版大小（图1）。

2. 用尺和美工刀根据尺寸切割底版（图2和3）。

一刀切开的橡胶底版。

切开一层的橡胶。

图3

图4

图5

图6

铅笔中的铅墨转印到橡胶底版上。

步骤二：将设计稿放到底版上

将你的设计稿转到橡胶底版上的方法有许多。在此，你所选的方法通常基于你手头有的素材，是一张手绘速写、剪贴画还是照片？以下是我喜欢的方法。

转印

通常的经验法则是通过任何转印技术，即将图像正面朝下放到底版上，最终印出来的将和原图像一模一样。通过任何转印技术将图像正面朝上放到底版上之后，最终印出来的将与原图相反。这点尤为重要，在转印文字时需要牢记。在此，我推荐三种转印技法。

TIP 确保转印图像的纸裁剪地和底版大小一致。这样做有助于定位。

绘制与擦拭

采用"绘制与擦拭"方法转印出的印章，印出来的图像将与原图像一致。这是我最喜欢的方法，因为这种方法非常简单。

1. 用一支铅笔绘出你的设计，用力压（图4）。

2. 将设计稿翻转印在橡胶底版上，用你的手指磨或擦拭纸背（图5）。

3. 剥去纸（图6）。

背面上铅墨并描图

用这种方法转印的图像最终印出的效果将与原图相反。实质上，你这样做是在自制复写纸（carbon paper）。

1. 用一支铅笔，将铅墨涂满纸背（图7）。

图7

2. 将纸放置于你的橡胶底版上，图像面朝上（图8）。

图8

3. 用一支圆珠笔描画设计稿（图9）。

4. 剥去纸（图10）。

图9

TIP 无论你使用哪种方法，转印完成后，我强烈建议你用一支圆珠笔再描画一遍转印后的线条。这两种铅笔转印法可以相当快地擦除，而丙酮转印法则不一定是清晰的。

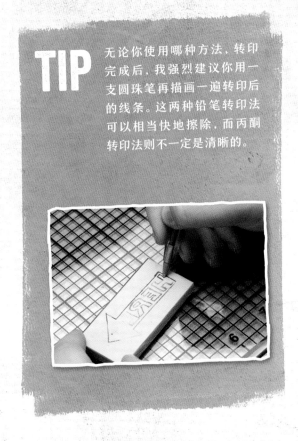

图10

图11

用丙酮和墨粉复印

这种方法适用于使用墨粉的打印机打印或复印机复印出的图像，激光打印出的图像无法使用。由这种方法转印而得的图像，印制后获得的图像与原图相同。你可以使用丙酮或含有丙酮的洗甲水。

1. 取一张用墨粉复印出的图像，面朝下放在你的橡胶底版上（图11）。

2. 用一块棉球或餐巾纸蘸取丙酮（图12）。

3. 用丙酮将印有图像的这张纸打湿，直到这张纸变得完全透明（图13）。

4. 用一把勺子压磨这张纸的背面，保证图像和橡胶底版紧密连接（图14）。

5. 轻轻掀起纸片，看看印得怎么样（图15）。

图12

图13

图14

图15

直接画在橡胶上

没必要总是转印设计稿,特别是那些简单的图像。如果你有把握的话可以直接画在橡胶底版上(图16和17)。对于那些方方正正的设计,直接画在橡胶上时,用尺画直线会容易些。对我而言,直接画在橡胶上时,我喜欢用一支圆珠笔作画。

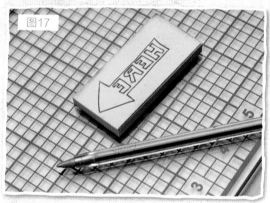

即兴雕刻

有时候甚至无需做设计。如果形状确实简单,我可能会直接开始雕刻。更多时候,我会用几条基础线勾勒出图形,接着即兴雕刻轮廓内部图案。

步骤三:对设计稿作记号进行刻制

这种方法是之前提到的用圆珠笔作记号的延伸。用一支记号笔标记出印章上需要刻掉的或需要保留的部分。标出需要刻掉的,也可以是需要保留的部分,只要你自己知道就好。从个人角度而言,我发现标记要保留的部分会稍微容易些。这样可以让我更容易看清设计。本章基础知识的其余说明内容,我打算按照假设你已经标记了印章中要保留的部分进行说明。

作记号是深入刻章的好习惯,即便对于那些简单的印章。一旦你开始雕刻,很容易分不清哪些要保留哪些要刻掉。

1. 标出图像的轮廓线(图18)。

2. 保留下来的部分用彩色马克笔标出(图19)。

步骤四：刻凹槽

围绕所有标记区域，用#1或更小号刻刀刻一条细沟（图20和21）。将你的印章看作涂色书设计，将你刻出的凹槽看作涂色书的边框。

这里你可以看到，相同的设计可以用两种不同方法雕刻，呈现两种不同的结果。

图20

图21

雕刻要点

这里有一些要点可以帮助你干净而安全地雕刻。

- 永远用推的动作朝背对自己的方向雕刻。
- 用很小的力气。当你在刻时，只能剔除一条橡胶屑。刻刀应在橡胶表面滑行，每次带走一小条橡胶。如果你太用力，则很可能会失去对刻刀的控制，刻下去的边会不整齐。将雕刻看作是在橡胶底版上滑行而不是挖掘。
- 在任何角落交汇处都要提起刀。这样能确保你不会刻掉不想刻掉的部分。

- 转动底版，而不是工具。我之所以喜欢在玻璃纤维垫上雕刻是因为在玻璃纤维垫子上可以更容易地转动底版。底版配合工具在动，而不是围绕底版推动工具。
- 当你用左手（右撇子）握着底版时，请当心你的手指。因为工具很锋利，稍稍一划便可能造成握着底版的手出现很深的口子。因此，握底版的手尽可能不要与刻刀成一条直线。

雕刻工具基础知识

花些时间来了解一下你的雕刻工具，看看它是怎么组合在一起的。

手握工具

手持雕刻工具并没有所谓正确的方式，只要你握着觉得舒服就好。我喜欢反手持工具，有时候伸出我的食指稳住刻刀。

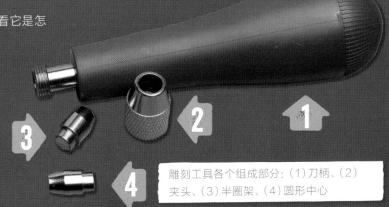

雕刻工具各个组成部分：（1）刀柄、（2）夹头、（3）半圈架、（4）圆形中心

调整刻刀

麻胶版刻刀由四部分组成：刀柄、夹头、半圈架和圆形中心。如果你完全拧下夹头，整把刀会分成几部分，遇到这种情况别慌，我会演示给你看如何将所有部分拼装回去，如何插入一把新刀。

1. 圆形中心部分有一边是"裸露"的，另一边覆盖有东西。半圈架与"裸露"的一边完美契合。圆形中心和半圈架都有顶部和底部，确保两个零件面对面。将两个部分合二为一之后，顶部变成包围结构，底部是平的（图1）。

2. 同时握住这两部分，小心将之放入夹头（图2）。

刀片将被插在这两部分之间。

图3

3. 小心将刀柄插入夹头，将两部分拧在一起（图3）。

4. 在半月形和中心之间插入新刀头（图4）。

5. 转动金属夹直到牢牢卡住新刀头（图5）。

TIP 移除刀头时，你可能需要摇晃工具来帮助放松咬合。

刻刀可以使用了。

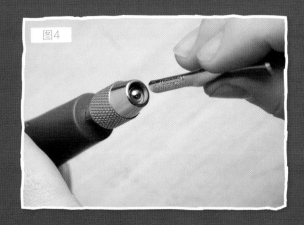

图4

图5

步骤五：刻除多余的橡胶

刻完图形周围的凹槽后，是时候刻除余下的未标记部分橡胶了。我将这个过程分解为如下步骤：

1. 使用最小号刀头，从内角和小通道开始逐一刻除橡胶（图22）。

2. 如果你希望的话，现在可以换一把稍大尺寸的刀头，将余下的橡胶刻除（图23）。

步骤六：修剪印章

一旦开始刻制你的设计稿，尤为重要的一点是尽可能多地去除多余部分橡胶。这样做是为了（1）避免在多余的部分上墨，（2）方便你在需要时将图像印出来。印章周围大小与实际印章设计稿越接近，面朝下印制起来越容易。

将印章放在一块玻璃纤维板上，用一把美工刀围绕设计图样进行裁剪，越接近图案越好（图24和25）。

TIP 刀头越大刻得越快。但需要注意不要过分热衷于此而使用过大的刀头。过大的刀头会削弱你对刻刀的控制，可能会导致你刻除不必刻的部分。所以，要使用恰当尺寸的刀头。

图24

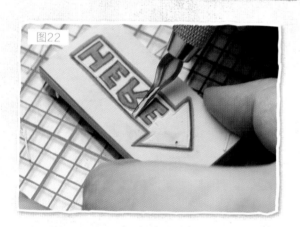

图22

图25

图23

印章和试印

步骤七：做一幅试印版画

我鼓励大家尽早并经常性地进行试印。这些试印版画可以帮助你理解哪些对你的设计图稿有效，哪些没有效。如果在刻制早期进行试印，你通常可以在投入过多时间和精力之前做调整。不仅如此，鼓励大家试印的另一个原因，是看到印章上的油墨可以帮助你辨认哪些还需要刻掉。

即便我打算用颜料来印，我仍然会因为快捷和便利而选择使用印泥来进行试印。给印章上墨，印在废纸上，查看印出来的效果，看看是否有杂乱的痕迹或是其他要刻除调整的地方。当然，有些人喜欢杂痕而选择将之留下以显质朴，这样做和个人风格有关。（更多关于印制的内容详见第24至27页。）

步骤八：清理

因为我知道自己总能刻掉更多的橡胶，却无法添加更多橡胶，所以我更倾向于在雕刻之初保留比预想多一些的橡胶。在步骤八，即最后一步中，我会清理印章直到自己满意。清理环节有时候是去除在试印过程中发现的多余橡胶，有时是将一条粗线刻细，有时是在印章的某些位置添加一些细节。

图26

1. 刻除那些不必要有墨痕的地方（图26）。

图27

2. 再次试印（图27）。

健康与安全

作为最后的健康与安全提示，刻制印章会变成一种痴迷，你会发现自己的脖子和背部相当疼。这时，你可以不时地休息，拉伸肩膀和脖子来防止这些部位受伤，同时也需要放松你的手，被印章束缚太长时间对你不好。你无需在雕刻工具上用尽全力去刻。另外一个窍门是放低椅子，这样一来我便可以少吊着些脖子。

如何印制

设计和刻制印章只是这场艺术之旅的起点。同一枚印章根据你印制的方式，可以创造出很多不同样式。以下是用印章进行印制的基本步骤。

固定

固定还是不固定，这是个问题。这个问题与个人偏好有关。这里没有所谓的正确或错误答案。当用小印章印制时，我的手指有时会捏得很小心，所以我通常选择固定那些印章。

如果你想暂时将你的印章固定在亚克力纤维板上，你可以用一种发泡双面胶。发泡双面胶的一面具有黏性，另一面由可以粘着任何亚克力材质板材的材料构成，但不会粘到其他材质。发泡双面胶最棒的一点在于你可以轻而易举地将印章从亚克力纤维板上移除，这样你便可以重复使用亚克力纤维板，将之用于其他印章。

图1

图2

1. 为了固定你的印章，先撕开发泡双面胶有黏性的一面，将你刻好的印章贴在泡沫塑料上（图1）。

2. 用剪刀围绕刻好的印章进行修剪（图2）。我倾向于使用贝印牌剪刀，这种剪刀专门用来裁剪橡胶印章材料。

图3

图4

图5

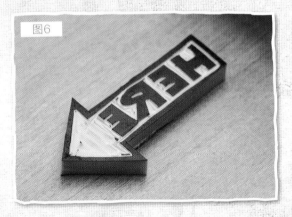

图6

3. 掀开另一边的纸（覆盖贴的一面；图3）。

4. 将印章粘贴到亚克力纤维板上（图4），准备就绪，就等印制了。

上墨

无论你打算用颜料还是印刷油墨，我建议将印章面朝上放在你的办公桌上。

用印泥上墨

1. 如果使用印泥，印章面朝上，将印泥轻拍在印章上（图5）。

2. 确保所有你想印的地方都上了墨（图6）。你可能需要多次拍打上墨。

用绘画颜料或油墨上墨

 如果你用颜料或油墨，需要在调色纸上挤出一小堆（图7）。使用颜料或油墨的数量取决于印章的大小以及你打算印制的次数。一枚小印章印一次可能只需要硬币大小的颜料或油墨；稍大一些的印章印多次则可能需要较多的颜料或油墨。

图7

TIP 印刷油墨相对丙烯颜料而言可以覆盖更多的区域，所以你可以用小剂量的印刷油墨。

2. 用滚筒在调色纸上来回滚以晕开油墨（图8）。

图8

3. 一旦滚筒接触印章，向上滚动。我喜欢在印章上上下滚动以确保墨色全部覆盖印章（图9）。

TIP 至于那些小尺寸的印章，我有时候会直接将之压到滚过的颜料上进行上墨。

图9

印制

一旦你的印章上好墨，便可以着手进行下一步的印制。与大多数冲压技术相比，你还可以使用几种不同的方式来印刷。

图10

图11

图12

正面朝下印制

这种方法对小尺寸印章尤为奏效。经过缓冲的印刷面总能给人留下更为深刻的印象。在你想要印制的任何东西下垫上一块工艺泡沫，或是任何可以起到一定支撑作用的东西。

1. 用力牢牢按下印章。印制时，我总是站着，将我的体重压在上面。

2. 抬起印章，查看印刷效果。

正面朝上印制

当使用较大印章时，我喜欢面朝上印制。

1. 印章正面朝上放置，将纸或布按压在印章上（图10）。

2. 用压印垫板（做圆周运动）或你的手（同样做圆周运动）在纸上施加均匀的压力（图11）。

3. 掀开纸背，查看印刷效果（图12）。

不管你如何去印制，要记住所有印出来的图像都与印章本身相反。

CHAPTER 2

印章刻制工坊

本章旨在帮助大家掌握成为刻章大师所有必要的技能。刻制过程中，你将遵循上一章节中学到的八个步骤。每一枚印章的刻制都会帮助建立你的雕刻技巧，树立你的信心，直至你准备好可以刻画任何想到的东西。

心形印章

　　对第一枚印章而言，心形是个很好的设计，因为心形虽然是个简单的图形，却包含了许多重要技法，例如雕刻曲线、直线以及尖角。一旦你雕刻完成心形印章，你便可以着手制作情人节闪亮礼物的包装，也可以只将它作为爱的传递。

技法练习

➡ 将刻刀插入雕刻工具。

➡ 裁剪橡胶底版。

➡ 在底版上直接画一幅简单的设计稿。

➡ 用记号笔标记设计稿便于刻制。

➡ 保持正确的雕刻力度。

➡ 刻出图案边框。

➡ 刻图案内部和外部的重点部分。

➡ 试印。

➡ 清洁你的印章。

图1

1. 将你的设计稿绘制在2.5cm×2.5cm的底版上。因为单颗心是简单的设计，所以我建议直接用一支圆珠笔画。如果你想用模版，可以找一张2.5cm×2.5cm的纸，对折，接着像你在小学时学的那样，沿着折线剪出半颗心。打开那颗心，你会得到对称的心形图案，接着你可以将之印到底版上（图1）。

2. 尽管这样一个简单的设计可能看上去有些傻，但我还是鼓励你为了方便刻制而标记你的设计，这样做不为其他原因，只是为了能养成刻前先做标记的习惯。在此，我将标出要刻除的区域（图2）。

图2

3. 用＃1，或最小号的刻刀刻出心的轮廓。固定底版，这样你就可以将刻刀从心形轮廓线的一端入手，从内向外推刀，接着再刻心的另一端（图3）。

4. 继续围绕心形图案外围刻一条凹槽（图4）。

图3

TIP 记住，雕刻时无需花太多力气。保持你的刻痕浅而干净，而不是深且粗糙。慢慢来，你才能逐渐完成最佳效果。

图4

5. 用美工刀切掉心形周围的橡胶（图5）。

6. 刻掉心形图案轮廓内多余的橡胶，确保从拐弯处刻。
这类小尺寸的印章无需更换较大的刀片（图6）。

你可以用一枚诸如心形式样的简单印章创造无限种样
式。在这个例子中，我通过色彩对比来营造一个焦点。
更多变化，见第104页和第105页。

印章游戏

心形图案内衬信封

　　没有比用心形图案排列成线的信封更好地传递情书（或字条）的方式了。敲心形图案远没有收拾剪心形图案留下的五彩纸屑那么凌乱。记住，你可以用你新刻的印章来装扮任何商店里买到的文具。

　　例如本文所展示的，我以信封为模版剪出衬纸，在衬纸上用几种永久性墨色印上心形图案，接着在衬纸的边缘涂上胶水使之粘到信封上。

TIP

确保你贴衬纸的时候信封末端留下足够区域来封上信封！

三角印章

本小节，我们将创造一个几何印章，重点放在如何刻直线条。这并不总是个容易的命题。我们将继续直接画在底版上。我经常刻制一些印章，事先将它们预想成更大图案的一部分。我认为这个三角形条纹本身看起来就很棒，但印多次变成一个整体样式时会显得更棒。

技法练习

● 将刻刀插入雕刻工具。

● 裁剪橡胶底版。

● 在底版上直接画一幅简单的设计稿。

● 用记号笔标记设计稿便于刻制。

● 保持正确的雕刻力度。

● 刻出图案边框。

● 刻图案内部和外部的重点部分。

● 试印。

● 清洁你的印章。

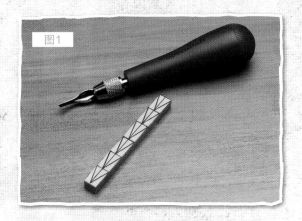

图1

1. 裁剪一小条橡胶底版。我这条的尺寸是8.5cm×1cm。参照绘制设计稿的步骤（见第36页）在底版上直接画出设计（图1）。

2. 用记号笔标出你的设计。你希望三角形略微重叠，这样它们之间便没有多余的空间（图2）。

3. 这是一枚很棒的印章，可以用来练习"流水线切割"。将印章长边正对你放置。用#1刀或是最小的刻刀，从一内角开始，沿着第一个三角形的一边刻一条沟。接着按这种方法刻所有的三角形（图3）。

4. 沿着每个三角形的另一边刻一条沟。

5. 沿着每侧三角形的顶部刻制，留出缺口，小心不要断开这些三角形之间的连接。

6. 还是用最小号刻刀刻除三角形两边多余的橡胶。

7. 用美工刀刻掉位于底部的三角形顶点上多余的橡胶（图4）。

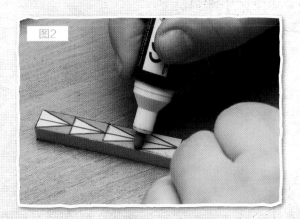

图2

图3

图4

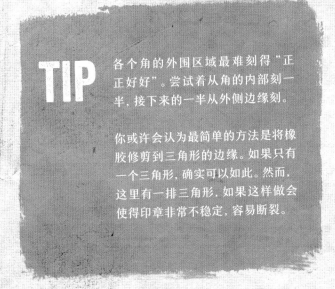

TIP

各个角的外围区域最难刻得"正正好好"。尝试着从角的内部刻一半，接下来的一半从外侧边缘刻。

你或许会认为最简单的方法是将橡胶修剪到三角形的边缘。如果只有一个三角形，确实可以如此。然而，这里有一排三角形，如果这样做会使得印章非常不稳定，容易断裂。

绘制设计稿

1. 平均分割底版短边作水平线（图1）。

2. 沿着底版长边的中心作垂直线条（图2）。

3. 从每条水平线两端出发向下一条水平线与垂线的交点作线（图3）。

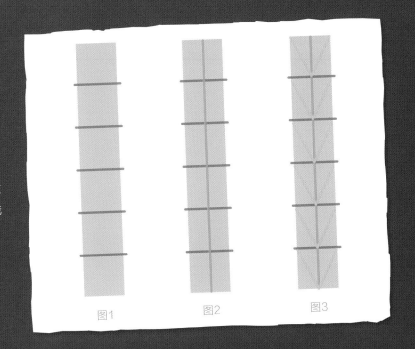

图1   图2   图3

印章游戏

包装盒

当你拥有一枚手刻印章时，便无需购买花哨的礼品盒。我将三角形长条纹印章用永久性墨水印到彩色卡片上来制作我自己的独特图样纸。然后，我用从互联网上下载的模版制作这些可爱的礼品盒。你还可以买剪裁好的礼品盒，这些盒子通常是以平面形式销售，需要自己组装。只需要在组装之前印上纹样，你便会获得一组独特的小盒子。

TIP

网上有很多免费的盒子模版资源。我最喜欢的一个网站是Mirkwood Designs（ruthann-zaroff.com/mirk-wooddesigns）。

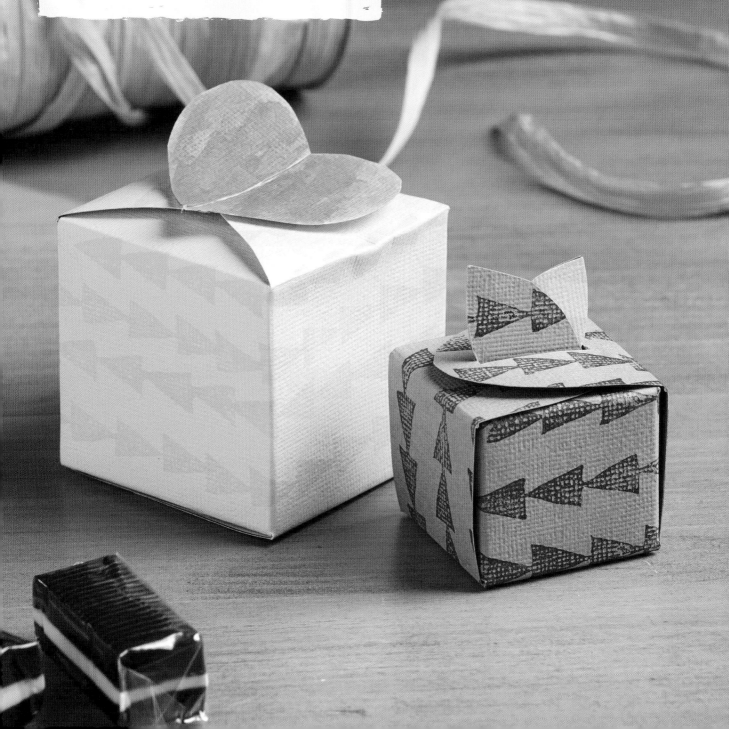

V形印章

这是一个很棒的设计，用来测试你的刻刀操控能力，之所以这么说是因为这个设计里有许多细小的切口。然而，由于这些都是笔直切口，所以雕刻起来会更容易些。你将有足够的机会练习起刀和停止的技能，你将第一次尝试即兴雕刻。刻这款设计稿与之前两款设计稿略有不同，因为这里没有任何沟渠要刻。这个整体设计可以用你的#1，或手头最小号的刻刀进行刻制。

技法练习

➡ 将刻刀插入雕刻工具。

➡ 裁剪橡胶底版。

➡ 在底版上直接画一幅简单的设计稿。

➡ 用记号笔标记设计稿便于刻制。

➡ 保持正确的雕刻力度。

➡ 刻出图案边框。

➡ 刻图案内部和外部的重点部分。

➡ 试印。

➡ 清洁你的印章。

图1

1. 裁剪一块7.5cm×10cm的矩形橡胶底版。根据绘制设计稿（见第40页）的步骤直接在底版上画出设计稿（图1）。你会注意到设计稿中并没有包含完成品中所见到的条纹和细小的虚线。你将即兴完成这些线条。

2. 用一支永久性记号笔，标出你将刻的线条（图2）。

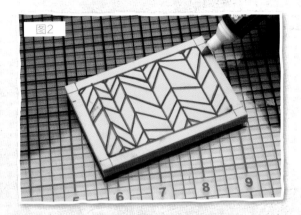

图2

3. 用#1或最小号的刻刀，将所有标记出的线条刻除，从设计稿周围的边界线开始刻（图3）。

4. 在你即兴刻细节之前，给印章上墨，制作一张试印，以确定你对自己所刻的东西满意。这样做还可以让你更容易地看到哪些部分需要即兴刻（图4）。

图3

翻到第42页，学会如何用你的印章制作笔记本封面。

图4

图5

5. 在设计稿的每隔一部分刻一系列直线（图5）。不必担心是否将每条线都刻成完美的直线。你想要这些线条看上去是手工刻的。为了避免在刻细小线条时出现划痕，从你最初刻的线条开始刻。这可能意味着每一条条纹都是一半从一个方向开始刻，一半从另一个方向开始刻。

6. 在设计稿四周刻一条虚线（图6）。刻虚线边界时，从靠近身体一端出发向外划动刻刀，接着笔直向上轻轻滑动刀片。这是最简单的停刀方式。在此，你施加的压力越轻越好。让你的刻刀划过橡胶，刻画出最细小的线条。

图6

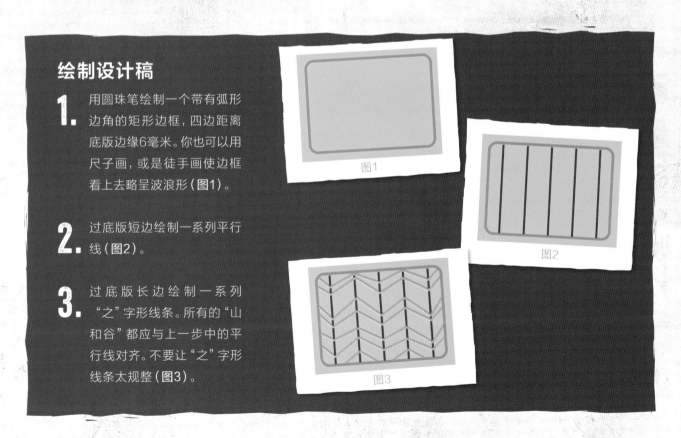

绘制设计稿

1. 用圆珠笔绘制一个带有弧形边角的矩形边框，四边距离底版边缘6毫米。你也可以用尺子画，或是徒手画使边框看上去略呈波浪形（图1）。

2. 过底版短边绘制一系列平行线（图2）。

3. 过底版长边绘制一系列"之"字形线条。所有的"山和谷"都应与上一步中的平行线对齐。不要让"之"字形线条太规整（图3）。

图1

图2

图3

你可以从一个单一印章中获取许多不同的样子，例如简单转动印章，印在两个方向，在一个整体模式中营造出多样性。

笔记本封面

　　不得不承认，我以前买本子只是因为它们漂亮的封面。然而，当我把它们带回家的时候，我经常不喜欢里面的纸张。一次，我想到可以买自己喜欢的那种纸张，再对封面进行装饰，于是，一个全新的世界开启了。

　　你可以直接将图案印在你的笔记本封面上，就像我将三角形条纹印在日记本上一样，或者你可以做一个棕色的书封，类似于我们小学时用来包教科书的那种，再蘸墨盖章。这就是我用人字形设计制作笔记本封面的方法。我用印刷油墨来印设计。

TIP

翻到第52页，关于制作字母印章来标签你的笔记。

印章游戏

V形吊坠

　　织物首饰轻便易穿。为了制作这款吊坠，我只是用永久性墨将印章印在织物上，做一个迷你夹层，并将它们拼接在一起。我将一块折叠的织物卷入顶部，然后将其缝合在一起，以创建一个环来悬挂吊坠。你可能非常喜欢缝合，加些珠绣或刺绣，就可让印章脱颖而出！

剪贴画
蝴蝶印章

我们目前已经刻了三枚手绘的印章。现在，是时候转印一个图像到底版上进行刻制了。这里，我们打算使用剪贴画中的蝴蝶图像。作为开头，这是一个很好的形象，因为它是对称的，有一些不错的细节，但也容许出错。

技法练习

- 将刻刀插入雕刻工具。
- 转印设计稿。
- 用记号笔标记设计稿便于刻制。
- 围绕细部进行刻制。
- 刻出图案内部边角。
- 刻细小曲线。
- 微调。
- 试印。
- 清洁你的印章。

图1

1. 右边是一个蝴蝶的图样（图1，来自clker.com），你可以将它复印或扫描并打印出来。我将这个图像打印出来，高约为3.2cm。将橡胶底版裁剪成5cm×5cm大小。

实际大小。此图样允许复印。

图2

2. 将设计稿转印至橡胶底版。使用绘制与擦拭方法（见第15页），用铅笔绘出蝴蝶的轮廓线并在蝴蝶翅膀的细部打上阴影（图2）。（不必为整幅设计稿打上阴影。）

TIP 我在此使用的是自己最喜欢的转印方式，绘制与擦拭，然而大家可以尝试使用第1章中所描绘的任何其他方式。

图3

3. 在底版上面朝下放置一张纸，在其背面进行擦拭以转印图像（图3）。

4. 用一支圆珠笔勾勒一遍设计稿（图4）。

5. 用一支永久性记号笔，标记设计稿以便刻制。这里，我正在标记打算刻除的部分（图5）。

图4

TIP 当你标记设计稿时，可以把所有线条标得比你预想得粗一些，特别是触角部分。之所以如此，是因为你总能做减法刻得更细，却无法做加法来增加更多的橡胶。

图5

6. 从最精细的区域开始刻触角，然后围绕设计稿刻一条凹槽（图6）。

图6

TIP 这条刻在翅膀内圈的凹槽有些难度，因为空间小而有如此多且精细的尖锐线条。我鼓励你多刻几刀构成一条凹槽，而不是直接一刀下去。刻这条凹槽时，我发现最简单的收刀处是在蝴蝶翅膀的波浪形起伏处。

图7

7. 刻除设计稿周围多余的橡胶（图7）。你之后会用美工刀切掉一些橡胶，所以在此不用担心会刻掉些许橡胶。

TIP 当你在雕刻时，相信自己的转印和标记。人们很容易在刻到一半时开始怀疑自己，所以要相信自己已经完成了正确的转印和标记，刻你所见之物，而不是刻成你认为应该的样子。

图8

8. 刻除翅膀内的区域（图8）。

选择剪贴画

如果你有意选择另一张剪贴画，以下关于如何选择的小提示将对你有所帮助：

- 黑白剪贴画比彩色的使用起来更容易些。
- 寻找粗犷的设计。避免有许多繁琐的细节。
- 强烈的轮廓线在任何印章中都是有所帮助的，所以要寻找你剪贴画中的轮廓线。

印章游戏

私人藏书票

这件藏书票事实上是由两枚不同的印章拼贴而成：我们刚刻的蝴蝶和一个V形藏书印。我将这两枚印章印在上过色的纸上，仔细修剪边角，接着在藏书票上贴上蝴蝶。由于背景衬纸和蝴蝶同样是黑白的，所以看上去没有缝隙，似乎蝴蝶是单独印上去的图像。这是一种简单的通过重叠印章来创造更复杂图像的方式。

此图样允许复印

你可以用这张版画作为模版，创造属于你自己的藏书票印章。

THIS BOOK BELONGS TO

THIS BOOK BELONGS TO

Julie Fei-Fan BALZER

镜框印章

这是一枚相当有用的印章，可以用来制作卡片、剪贴簿的内页、艺术期刊、礼品标签，或只是邮寄一个漂亮的包裹。这里为你提供了一个机会，练习"保护你的尖角（重点部分）"这一技法。在你创造漂亮而干净轮廓线的同时，使你对刻刀的控制力也会得到锻炼。

技法练习

- 换刀片。

- 转印设计稿。

- 刻制印章中心区域。

- 用美工刀围绕曲线进行雕刻。

- 标记设计稿以便刻制。

- 保持正确的雕刻力度。

- 对曲线内部和外部进行刻制。

- 刻尖角内部与外部。

- 保护你的重点部分。

- 试印。

- 清洁你的印章。

图1

以200%的倍率复印。

1. 复印或扫描并打印左图镜框剪贴画（图1）。我将剪贴画放印为7.5cm高。

2. 裁剪一块8.5cm×8.5cm的橡胶底版。用绘制与擦拭法（见第15页）转印图像，用铅笔描一遍设计稿（参见第16和第17页关于其他转印方法）。将设计稿面朝下放置于橡胶底版之上，接着擦拭背面以转印设计稿（图2）。

3. 用一支圆珠笔勾勒出设计稿的轮廓线（图3）。

4. 用一支永久性记号笔，标记设计以便刻制。我正在标记要刻除的部分（图4）。

图2

图3

图4

5. 用#1或是最小号的刻刀围绕设计稿内边刻一条凹槽（图5）。

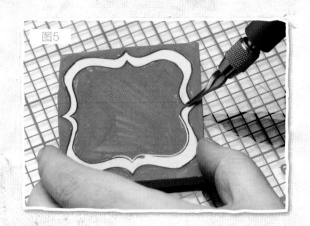

图5

TIP 记住要转动底版而不是刻刀。这点在刻曲线时尤为重要。你是在把底版"喂给"刻刀。

6. 刻除内角多余橡胶，再换大号刻刀刻除余下的大面积橡胶（图6）。这叫作"保护你的尖角"。你正在保护那些弯角，使之免受大号刻刀的错误滑动带来的破坏。

图6

7. 插入一把大号刻刀，刻除设计稿内部附近多余的橡胶（图7）。

8. 用一把美工刀切掉镜框内部区域以免出现任何意外印刷，同时也可以节省刻制时间（图8）。

图7

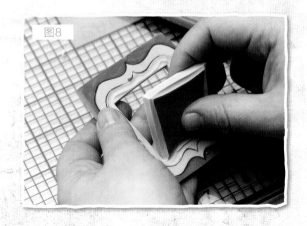

图8

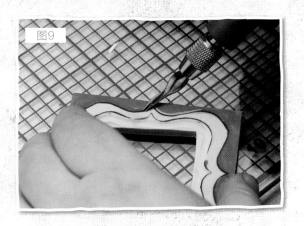

图9

9. 换回最小号刻刀，接着围绕设计稿边角外围刻一
条凹槽（图9）。

10. 用美工刀刻除设计稿外围多余的橡胶（图10）。

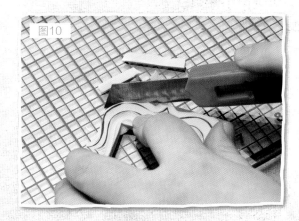

图10

字母印章

字母并不难刻，只是费时。如果你选择做一组小尺寸字母，你能在那边坐着刻上一两个小时。如果你打算做一个大尺寸的字母，会花去你较多时间，我建议大家可以分几天来刻。只需要将所有字母分成几组（例如A—G、H—M、N—S、T—Z），每天刻一组。

技法练习

- 要有耐性。

- 将刻刀插入雕刻工具。

- 保持正确的雕刻力度。

- 刻图案内部和外部的重点部分。

- 刻曲线的内部和外部。

- 刀法。这里，比起雕刻，会有更多的切割动作。

- 明确可以用美工刀切割和用刻刀刻的区别。

- 试印。

- 清理干净你的印章。

图1

1. 切一块比你预想的字母形状稍大些的橡胶底版。用你最喜欢的方式画或转印一个字母（图1）。更多小提示详见第54页的绘制设计稿。

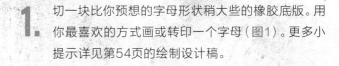

TIP 我通常会将整个字母表画在一块大底版上，然后裁剪成小块儿进行刻制，但如果更容易安排的话，你可以剪切、绘制、刻制一次完成。

图2

2. 用一支永久性记号笔，标记你的设计稿以便刻制（图2）。

3. 用#1或最小号的刻刀围绕字母的内外侧分别刻一条凹槽（图3）。记得要保护好你的重点部分（参见第50页的第六步）！

4. 刻除字母内部多余的橡胶（图4）。

图3

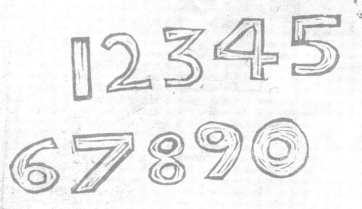

图4

5. 用美工刀切掉多余的橡胶（图5）。如果印章的轮廓线和设计稿的轮廓线尽可能接近的话，最容易刻。

图5

6. 给印章上墨并试印一幅（图6）。

7. 即兴刻制字母内部的线条，使之看上去像一幅木刻（图7）。

图6

TIP 如果你喜欢木刻的样式，请翻到第63页的《仿木刻印章》。

绘制设计稿

如果你选择创作一组手绘字母，你既可以直接画在底版上（记住要反着画），也可以画在纸上再转印到橡胶底版上。记住，面向底版转印的话最终印出来的会与原图一样。如果不是面朝底版转印，则印出的与原图相反。这点在转印字母和单词时非常重要。

如果你不想创作一整组字母，你可以选择自己喜欢的字体，按照你想要的大小，把字母打印或复印出来，然后转印每一个字母。

你可以复印第55—58页上的字母，将其作为模版。只是你在操作时，记得要正确转印它们的方向，这样才能保证这些字母可以让人读出来。

图7

以字母表为例

这里是我在本单元练习中刻制的完整字母表，你也可以尝试更多的风格。大家可以随意使用这里展示的印刷品作为模版来重新创作字母表。使用图像正对底版的转印方式使人们可以正确阅读字母。这里还包含了一些数字和标点符号。

木刻风格字母表

TIP 为了节省橡胶和雕刻时间，有三枚印章可以起到一枚两用的效果："i"和"1"，"O"和"o"，以及"n"和"z"。

此图样允许复印。

ABCDEF
GHIJKL
MNOPQR
STUVWX
YZ&123
456789

此图样允许复印。

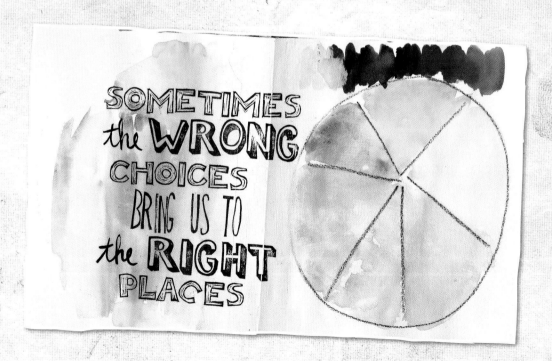

混合大小写字母表

此图样允许复印。

TIP 在一张字母表中混合大小写字母组成一组特别的字母排列。

细长条字母表

TIP

我喜欢把手刻字母表收藏在小罐头里，就像你买薄荷糖时装的那种盒子。

ABCDEFGH
IJKLMNOP
QRSTUV
WXYZ

1 2 3 4 5
6 7 8 9 0

ABCDEFGH
IJKLMNOP
QRSTUV
WXYZ

此图样允许复印。

印章游戏

手工制作礼物包装

棕色纸质购物袋在我的公寓里不会存在太久！我把它们裁开，剪取手提部分，空白面翻过来制作一个大而美丽的印章表面。在此，我将一些其他印章和字母表印章放在一起，共同制作独一无二的礼品包装！

TIP

你甚至可以通过添加收件人的名字来进一步定制礼品包装！

手写单词印章

刻制一枚小巧的单词印章比你想象得要简单些。在刻制这枚印章的过程中，你会欣喜地发现一枚手工雕刻的印章是多么精美！我喜欢圆化每个手写单词的结尾部分（而不是将它们处理成一条直线）。这是个小细节，但我认为这个细节营造了可爱的成品。此外，大部分手写字母都有圆圈或椭圆形构造。这是个很好的机会去练习刻圆边，而不是刻尖角。

技法练习

- ➡ 将刻刀插入雕刻工具。

- ➡ 保持正确的雕刻力度。

- ➡ 雕刻圆圈（内部和外部）。

- ➡ 雕刻一个个弯曲的终点。

- ➡ 将线条刻细些。

- ➡ 雕刻曲线的内部和外部。

- ➡ 试印。

- ➡ 清洁干净你的印章。

图1

图2

图3

图4

1. 在纸上写下你想用来做成印章的单词。裁剪一块橡胶底版，要稍微比你即将刻的单词大一些（图1）。

2. 用你最喜欢的方式将单词转移至你的底版（图2）。详见绘制与设计（见第62页）上关于转印单词的小提示以便使文字读上去是正确的。

3. 用圆珠笔勾勒出单词的轮廓线（图3）。我倾向于将轮廓线画得比原文粗一些，因为人们总是可能刻除更多的橡胶，然而一旦刻掉了，就不可能再添加上去。

4. 用永久性记号笔标记出你的设计稿以便刻制。在此，我标出将刻除的部分（图4）。

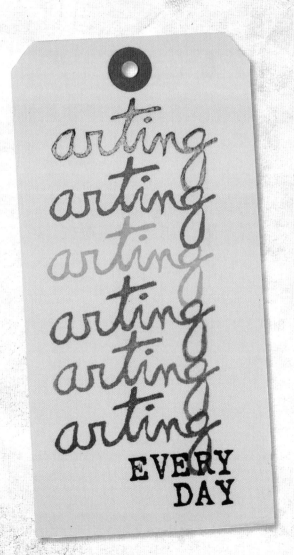

5. 用#1或最小号刻刀围绕单词刻一条凹槽，接着用美工刀刻掉周围多余部分（图5）。

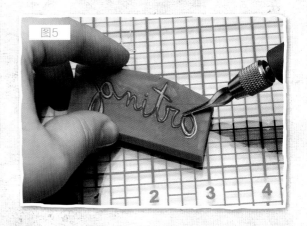

图5

绘制设计稿

如果你讨厌手写，你可以总是参照一种字体，然而，我在此还是鼓励你尝试自己手写。因为手写做成的印章可能看上去会大不同！

确保设计稿转印后能正确印出。记住转印时要面朝底版（例如，绘制与擦拭，参见第15页），这样印出来才会看上去和原图像一致。转印时不是面朝底版的话（例如用铅笔在背面上墨并描画，见第16页）会造成印出来的图片与原图相反。

TIP 手写单词有许多曲线。你无法逃避这些。花时间练习那些弯曲的线条。记住雕刻时要转动底版而不是刻刀，其间可以不时停下来休整。除此之外，还要记得在雕刻时刻得尽可能浅一些。

我把我那些高高细细的手刻字母表印章（见第58页）和"arting"印章混合起来创造出这个可爱的小标志。涂鸦的边框以及一抹水彩颜料增加了一份异想天开的感觉。

仿木刻印章

我喜欢木刻版画的独特样子，然而我没有耐心和手劲来刻一块木板。所以，当你能用橡胶伪造木刻效果时，不是一件很幸运的事情吗？这里，我用一块10cm×15cm的橡胶来刻我的设计稿。你可以根据自己的意愿做得小一些，但我喜欢巨幅图像带来的影响。我们将在印章的背景部分留下很多小橡皮岛，所以最好用大胆的设计稿来确保所有东西，不至于看上去视觉疲劳。

技法练习

- 转印图像。

- 设计：确定前景是什么，背景是什么。

- 标记印章。

- 刻出图案的轮廓线。

- 刻除背景中多余的部分，刻得粗糙些以达到朴拙的木刻效果。

- 即兴雕刻。

- 要了解何时停止雕刻。

- 试印。

- 清理干净你的印章。

- 通过压纸在印章上进行印制，而不是其他方式。

图1

1. 直接在底版上绘制你的图像，或是复印或打印一个你喜欢的图像，并将之转印到底版上（图1）。我这里用的是绘制与擦拭法（见第15页）。如果你想使用这幅设计稿，可以用第66页上的剪贴画。你会注意到这件设计稿没有任何最终印章中呈现的细节。你将即兴添加所有细节。

2. 用一支圆珠笔勾勒设计稿中所有的线条（图2）。

3. 用永久性记号笔重描一下所有线条（图3）。在这个环节，你要决定哪些花儿会在前景，哪些在背景，并据此标记线条。详见标记设计稿（第66页）。

4. 标记设计稿以便刻制。我这里标出将被刻掉的部分（图4）。

5. 用#1或最小的刻刀刻出设计稿的轮廓（图5和图6）。

图2

图3

图5

图4

图6

图7

6. 为了在背景营造出木刻的效果,用你的小刻刀将多余橡胶刻除,只需简单粗糙地完成即可(图7)。我认为只要你在粗糙地刻除背景部分时保持所有的刀锋都朝着一个方向,就看上去特别好。事实上,这里的效果需要看上去是偶然得到的而不是刻意营造的,所以需要不时变换一下。

7. 给印章上墨,这样你就可以看清花儿和叶子,并为之添加即兴发挥的细部(图8)。

8. 在你希望前置的花朵上刻直线,这样一来它在视觉上会凸显出来(图9)。

9. 在叶子上刻小加号或其他细节(图10)。

图8

图9

图10

标记设计稿

这幅花的设计稿只是一块大底版，并没有明确标出哪些花在前，哪些在后。这就需要你雕刻时做决定。当你刻制花的细部时，你将需要完成一些隐含的形状，在前景中的花茎和花朵要在前面穿过其他线条。考虑清楚哪些形状在前（完成了的形状），哪些在靠后位置（未完成的形状）。

在刻制之前，标记你的设计稿使得这些决定清晰可见。在这些展示稿中，我用三种不同的方式标记花朵来营造不同的效果。在每个例子中，花朵根据所处位置的不同被编上号码，花朵1在前，花朵4在后。

你可以以165%的倍率复制这个图像再转印。

连词印章

在这枚印章中，单词和线条"焊接"在一起，毫无缝隙。这枚印章将许多你已经学到的技法结合起来，同时它也是一枚能够满足你需求的简单印章。接下来，就让我们为假日和生日卡片以及所有种类的邀请函制作连词印章吧！

技法练习

➡ 保持正确的雕刻力度。

➡ 刻图案内角。

➡ 刻错综复杂的设计稿。

➡ 刻单词。

➡ 细化线条。

➡ 试印。

➡ 清理干净你的印章。

1. 按尺寸裁剪你的底版。我的底版大小为 5.5cm×5.5cm。将你的设计稿绘制于一张纸上。详见绘制设计稿（见第70页）。用你最喜欢的方式将设计稿转印到底版上（图1）。这里，我用的是绘制与擦拭法（见第15页）。

图1

2. 用一支圆珠笔勾勒设计稿中所有线条（图2）。

图2

3. 标记你的设计稿以便刻制。在此，我标出将被刻除的部分（图3）。根据你标记设计稿的方式，可以将三角形设置成顶点朝上或朝下（见下图）。这个案例中，我将三角形设置成顶点朝下。标记设计稿是非常重要的一个环节，不这样做的话在雕刻时会很容易犯迷糊。当你标记时，记得考虑每条线的粗细。

4. 用#1或最小号刻刀围绕每个字母细心刻画（图4）。记着这枚印章的名字是"连词印章"。不要围绕每个字母刻凹槽。字母与字母之间，顶部与底部的线条是"连"着的。

图3

TIP 刻制时，慢慢刻，先将任何问题区域搁置一旁。这枚印章中有千万个细小的转角和空间。

图4

注意用蓝色印的图像中，三角形顶点朝下，而绿色图像中三角形顶点朝上。

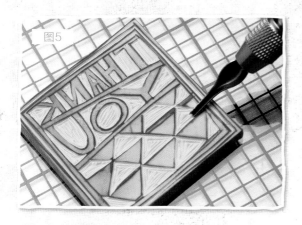

图5

5. 刻除三角与三角之间的区域（图5）。三角形部分是比较棘手的，因为每一对三角形都需要干净的尖角。记住从内角收刀，雕刻时要刻得比你预计的少一些，这样做是因为你总能够回过去再刻，却无法将已经刻除的补回去。

6. 给印章上墨，这样一来你便可以清晰地看到设计图案，然后围绕印章上的三角部分刻一条凹槽（图6和图7）。这样处理可以赋予设计以视觉上的愉悦。

图6

TIP 在雕刻这枚印章时，"打扫干净"非常重要。会有很多细小的锯齿状碎片需要被平滑地清理掉。

图7

这两枚印章我开始时使用了相同的转印方式，但是在标记三角形部分时使用了不同的方式，使得三角形的顶端朝向不同的方向（参见第68页步骤3）。

绘制设计稿

1. 在一张纸上描绘出底版的轮廓。围绕底版绘制出双边界线（图1）。

2. 绘制分开的单线。注意这些单线不平行，而且存在一定角度（图2）。

3. 用大写字母写下单词"Thank You"（谢谢），一条单线上写一个字。确保字母的顶端碰到顶线，底端碰到底线（图3）。

4. 为了绘制三角形图案，先沿一个方向绘制一组对角线，接着沿着相反方向绘制一组对角线（图4）。

5. 然后，在过对角线相交处，绘制水平线（图5）。

图1

图2

图3

图4

图5

印章游戏

感谢卡

在彩色卡片纸上使用白色压花粉是我最喜欢的制作简单卡片的方式之一。压花粉末可以形成一层光滑而有光泽的表面，类似于珐琅。加热压花珐琅粉步骤如下：

1. 用水性喷墨墨水——一种清澈的墨水，可以存放很久——来印这个图案。（记得使它保持湿润才能粘住压花粉。）对于左边的卡，我先用了Archival Ink牌墨印了背景以增加深度。

2. 将压花粉倒在需要印的图像上。

3. 摇晃多余的压花粉（这些粉只会粘在水性喷墨墨水上），将剩下的压花粉倒回瓶中。

4. 用手工艺加热工具来对压花粉加热直至其溶解。

5. 让压花粉冷却。

照片印章

这是一件很有趣的生日礼物，一个非常棒的使文具个性化的方式，一份对邀请函而言超级酷的设计。这是什么？一枚由你认识的人的照片设计而成的印章！你可以使用其他主题的照片，但一枚肖像印章却是相当特别的个性化设计。

技法练习

- 保持正确的雕刻力度。
- 雕刻复杂的设计部分。
- 暂停。
- 将线条刻细些。
- 雕刻曲线的内部和外部。
- 试印。
- 清洁你的印章。

图1

1. 为你的印章选取一张照片，准备转印。详见"如何准备一张照片：两种方式"（见第74页）。根据尺寸裁剪一块橡胶底版并将设计稿转印到橡胶底版上（图1和图2）。在此，我使用的是绘制与擦拭技法（见第15页）。

2. 用一支圆珠笔勾勒出图像中的线条（图3）。

3. 标记设计稿以便雕刻。这里，我标出了将要刻掉的区域（图4）。大家在这一步需要认真仔细地标记你的设计稿，相信转印的正确性。当你觉得转印出来的设计稿看上去不对或奇怪时，不要试图改正。

4. 使用最小号的刻刀（#1），围绕面部仔细雕刻（图5）。雕刻的精美性至关重要的一点在于正确刻画面部特征。记住，在刻除时要比你想的少刻一些，然后再将线条刻细。同时，别忘了保护你那些尖角（见第50页，步骤6）。

图2

图3

TIP 将黑白打印稿放在手头作为雕刻时的参考。

图4

图5

选取一张照片

这里有一些关于如何选取照片以便制作好印章的提示。

- 最有效的照片通常具有从一侧打来的强烈光源，营造出明显的阴影。
- 好好确定面部特征，不要冲洗掉。
- 照片应对好焦。
- 照片应是高品质的。网上下载的照片没有直接从你相机里导出的好。
- 最好的照片包括拍摄对象的整个头部（包括头顶）和部分肩膀。

如何准备一张照片：
两种方式

我的原始照片（图1）拥有很多细节，超出了我想包含在一枚印章中的量。因此，在转印图像之前，我需要做些准备。

使用图像编辑软件

需要说明的是，以下介绍都是针对Photoshop CS6的，其他图像编辑软件有类似的功能。所以，你可能只需略微玩一下便能找到图像编辑软件中哪些功能有效。

1. 将照片转换成黑白模式：图像>调整>黑白。

2. 使用橡皮擦与裁剪工具擦去无关紧要的背景（图2）。

3. 如果有必要，用曲线工具调暗照片：图像>调整>曲线。

4. 打开滤镜库：滤镜>滤镜库。

5. 选择抠图滤镜：艺术效果>抠图。保持图层的数字在2或3，接着按下"确认"按钮（图3）。

图2

图1

图3

手绘

如果你没有图像处理软件，你可以手绘设计稿。在照片上覆盖一张描图纸，仔细描绘下阴影区域（**图4**）。

图4

我的许多艺术作品都使用了马尼拉纸质标签。它们既便宜又好买，而且非常结实，可以当成礼品标签、书签、情书，也可以简简单单地粘贴到我的艺术笔记本中。在这件特别的标签中，我混合使用了拼贴技法（你可以从脸部以及底部的标签窥探到书页）、压印以及绘画。

作品展示
工坊印章

　　我相信所有艺术创作都和试验有关。在这一单元环节，你可以看到我的一些试验。我带着我们在本章中刻的印章，沉浸于用不同方式使用它们的乐趣：组合不同的印章，用不同颜色印制，分层印刷等等。我鼓励大家拿起你那绝好的手刻印章开始玩耍！我经常在玩耍中发现关于刻章的新想法，或是关于修改已完成印章的方式。

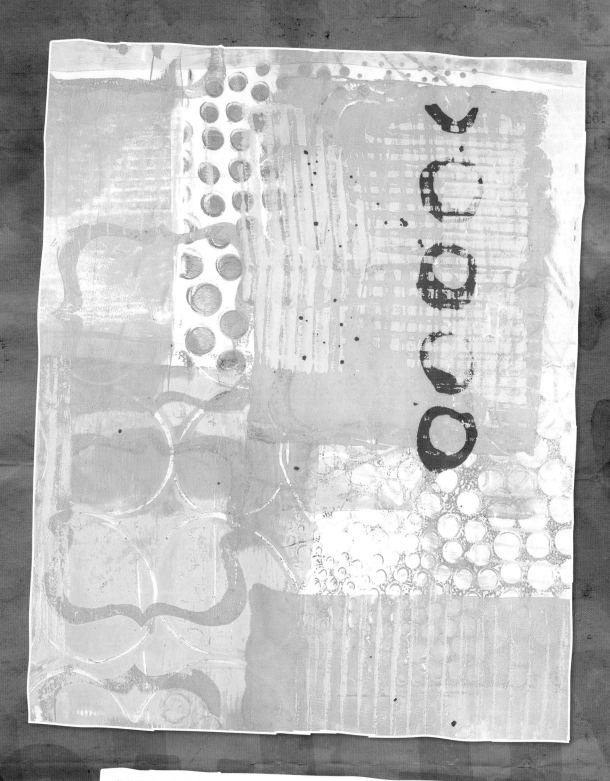

在我的艺术作品中，我使用了许多不同的工具和分层技法来营造造型和图案。这件版画是一个分层印制的独幅版画案例，混合了镂空印刷和手绘印章。我鼓励大家用你的印章做实验，将之与其他艺术用品结合在一起，探索你用它们所能做的一切。

相比大量生产的便条，我更喜欢在家里留下漂亮的艺术贴纸。我在朋友的浴室镜子上贴了"祝你好运"的讯息，贴这个地方她准看得到！我在版画上添加了一颗纸质心，然后在前景中穿插粘贴了一些字母。

设计橡胶印章

学习刻橡胶印章的技法仅仅是印章雕刻旅程的开始。一旦你学会了开车，你能到任何地方！设计橡胶印章可以简单也可以复杂，全凭你的意愿。这也是为何它有如此众多的爱好者。在接下去的两个章节中，我们将探索许多通过版画能够达到的振奋人心的组合和变化，需要大家做的只是一点点计划。

这里，我使用了照片印章技法（见第72页）来创作一幅自画像。

every day is a day to celebrate !!!

JFB

CHAPTER 3

设计印章:
组合和套色印章

为何当你可以创造一组相关的印章时,只刻一枚印章呢? 本章中,我们将看到几组不同的印章组合,从简单的组合印章到较复杂的套色印章。作为单独构件或是在其他组合中一起使用这些印章,将会开启一个新的世界,那里充满了设计的可能性。

印章组合

印章组合指的是一系列可以单独使用也可以组合连用的印章。有很多不同种类的简单印章组，然而，我认为其中大部分可以分为三类。

组合

如果我说出"花生酱"这个词，你很可能会说"果冻"。如果我说"左"，你很可能会说"右"。有些事物看上去就是在一起的。这一类印章可以单独使用，但也可以联用。一把茶壶和杯子就是绝配。

搭配

　　树没有树叶，房子没有房顶……有些事物离开了它们的一些部件就不完整了。这一类印章需要彼此来创造出一个完整的图形。当我希望图像每个部分是不同颜色时，我经常创作这类印章组合。

变形

　　如果我有个好主意，我会将之化为很多不同的变化。"物以类聚"印章有相同的基本造型或想法，但包含一些变化。

作品展示
印章组合

组合

波浪和鱼 足球和旗帜

搭配

房子

TIP

印章组合中的单个元素可以分开使用。详见第 106 页，使用房子组合中的方形构件制作的图样。

树

变形

豆荚

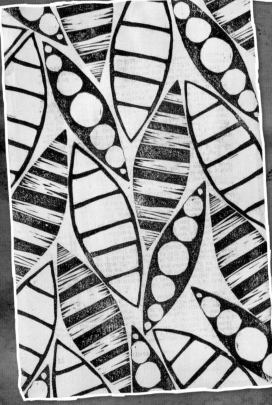

V形　　　　　　　　　　　　　　　　丝带横幅

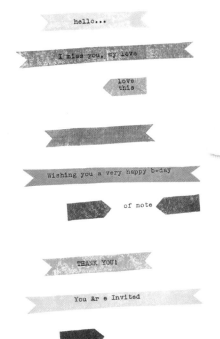

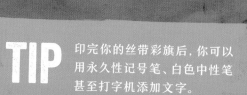

TIP 印完你的丝带彩旗后，你可以用永久性记号笔、白色中性笔甚至打字机添加文字。

AWESOME
OUTSTANDING
YUM
SELFIE
HAPPINESS
TODAY

JANUARY
FEBRUARY
MARCH
APRIL
MAY
JUNE
JULY
AUGUST
SEPTEMBER
OCTOBER
NOVEMBER
DECEMBER

FALL
WINTER
SPRING
SUMMER
2013
2013

MONDAY
TUESDAY
WEDNESDAY
THURSDAY
FRIDAY
SATURDAY
SUNDAY

JANUARY
FEBRUARY
MARCH
APRIL
MAY
JUNE
JULY
AUGUST
SEPTEMBER
OCTOBER
NOVEMBER

星期

SUNDAY
MONDAY
TUESDAY
WEDNESDAY
THURSDAY
FRIDAY
SATURDAY

DECEMBER
2012   2013
2012
2013

SUMMER
FALL
WINTER
SPRING

MONDAY
TUESDAY
WEDNESDAY
THURSDAY
FRIDAY
SATURDAY
SUNDAY
TODAY

SELFIE
YUM
HAPPINESS
AWESOME
OUTSTANDING

THURSDAY THURS
DAY FRIDAY FR
SATURDAY SATU
AY SUNDAY SUND
MONDAY MONDA
ESDAY TUESDA
WEDNESDAY WEDNE
URSDAY THURSDA
AY FRIDAY FRID
SATURDAY SATU
UNDAY SUNDAYS

印章游戏

串珠树型挂坠

　　这是一个非常快速就能完成的教程。你可以印制并缝合它，接着找些漂亮的绳子把它悬挂在墙上，前后所需花费时间不到一个小时。我在一块普通棉纱布上用永久性油墨印了树干和球形印章，接着将这块布绷入绣花箍。大种子状珠子散落在印上去的图像上，增加了3D闪耀效果。这里的珠子是我绣上去的，不过你可以用胶水粘贴上去。

套色印章

套色印章是一组复杂版的组合印章（见第83页）。每一枚印章代表完整图像的一个方面，而印章就像拼图一样拼在一起。用它们完成的版画模仿了丝网版画的效果。

两部分
套色印章组合

让我们从一个非常简单的套色印章组合开始，由两部分构成，这两部分可以看成是正反两面。

图1

1. 裁剪两块一模一样大小的底版。我的底版尺寸为2.5cm×13.5cm。使用你喜欢的方法（见第15页）将同一张设计稿转印到两块底版上（图1）。

图2

2. 在每一块底版反面画一个箭头来标记方向，在印制时两份设计可以完美配合（图2）。我通常在将设计稿转印到底版之后立即画上箭头。

3. 仔细标记两幅设计稿，记住一幅是正的，另一幅是反的。这里，我标出了两枚印章上要刻除的部分（图3）。

4. 雕刻底版但不要进行修剪。这是为了在印制时可以方便对齐两个图像，因而所有的底版必须尺寸相同。

图3

TIP 因为你保留了底版完整尺寸，所以你需要确保彻底刻除任何多余的橡胶，这样在印制时才不会有多余的印记。

套印点

印制时，务必使用一个套印点。这是什么意思呢？选择一个点，确保两块底版均与这个点对齐排列。我在实际操作中倾向于使用左下角作为套印点。如果你多次印刷，每两次印刷之后需要移动套印点。

设计分层为两枚印章。

左下角作为套印点

印章1

印章2

三部分
套色印章组合

所有关于两部分印章组合的事项同样适用于三部分印章组合，只是用三块底版代替两块。

我的三部分印章组合包括三个要素：

- 背景
- 轮廓线（类似一本填色图书）
- 填充部分（犹如一本已经填完色的填色图书）

由于其中包含的图层数量增加了，你的设计变得越来越重要。在转印和标记阶段需要特别细心，这样才能做到每根线条都正确。

TIP 如果你在如何从视觉层面把图像分为几部分的过程中遇到问题，试着为你的设计拍张照，再用剪刀剪开，或是按照填色书的风格给它上色。

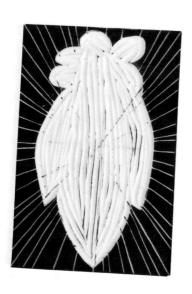

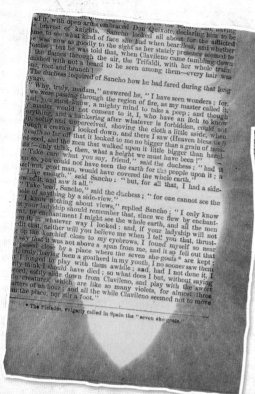

四部分套色印章组合和其他

你可以将这个技法延伸至四部分或更多。当你添加更多底版时，需要注意这些事项：多出来的图层必须是全尺寸的，或者你能制作一块小些的底版？如果你选择做一块较小尺幅的底版，确保有简单的方式来创建一个套印点（见第91页）。注意在此展示的案例，"Grow（成长）"这个单词对着花盆上边。

只刻一面

当我初次开始制作这些分层印章时，我犯了一个错误，即在橡胶底版两面进行雕刻。由于分层技法会迅速消耗相当多的橡胶底版，所以我当时试图为了节约用料而在底版两面刻。然而，两面雕刻的问题在于：一，由于另一面不是平整的，你很难获得一幅干净的版画，；二，你的版画上会出现许多多余的橡胶印痕，原因在于你无法刻得深。俗话说"捡了芝麻，丢了西瓜"，用在我这里恰如其分。所以，大家最好将钱花在购置更多的橡胶底版上，以此来拯救你的沮丧。

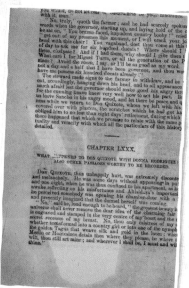

TIP 为了印上"GROW"这个单词，
我用了透明水性喷墨墨水以及
白色压花粉（见第71页）。

作品展示
套色印章

在这两件版画的创作中，我有时候使用所有三部分组合，有时候只使用两部分。

为了给这幅版画添加更多层次的图样并上色，我将之印在旧书页上，接着将这页纸贴在另一幅印制完成的背景上。

印章游戏

仿丝网印刷
围裙

　　现今，多数大型手工艺品商店销售所有种类的空白物品供你印制，诸如手提袋、杯具、镜框、围裙等物品。我挑选了一件空白帆布围裙和一组套色印章，心情愉悦地花时间创作了这件色彩斑斓的艺术作品穿在身上！由于这件作品是可穿戴的，需要清洗，我用了可供织物使用的印刷油墨，一旦加热后可以永不褪色。

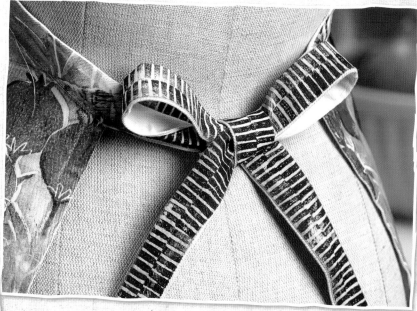

TIP 不要忘记细节！我用一枚简单的重复印章印在围裙的肩带上（见第114页）。在我看来，这样做很大程度上改变了整件围裙的外观。

印章游戏

波普艺术画布

　　我花了一个下午的时间，用一组三联章尝试不同的油墨组合，最后得到了一堆印在书页上的脸。我决定通过只将书页拼贴到画布上来创作一件大尺幅艺术品。这是另一个关于一个试验是如何发展成更多东西的例子。

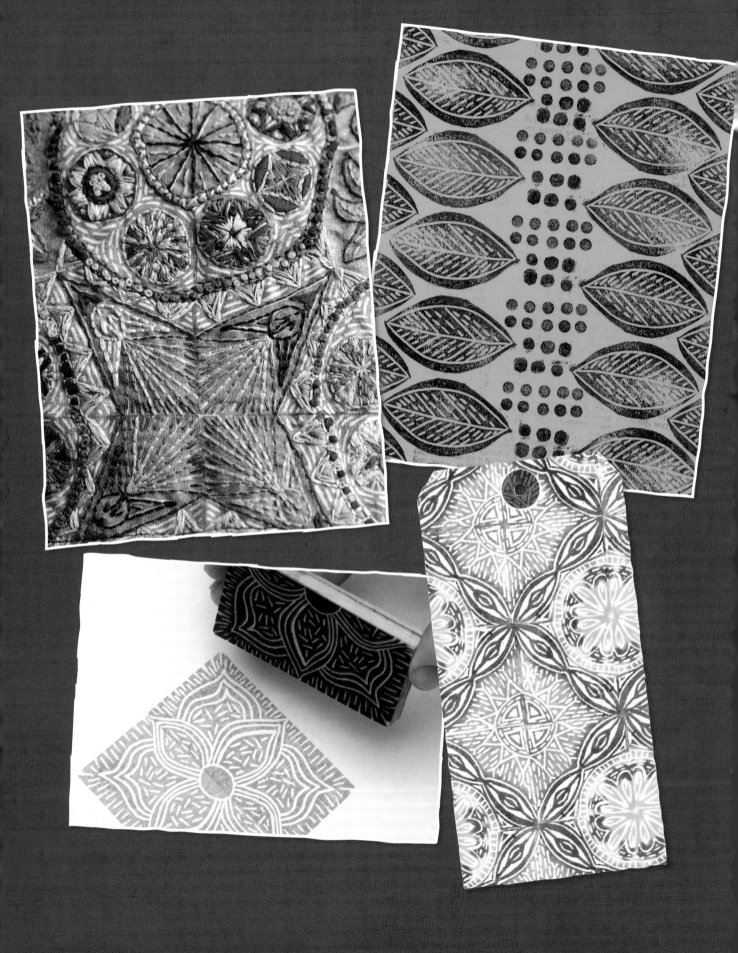

CHAPTER 4

设计印章:
图案印章

任何印章都可以用来创作重复图案, 当你专门设计印章来重复印制时, 乐趣油然而生。在本章中, 我将带大家穿行于我在设计中最常用的几种重复印章类型之间, 并展示如何制作定制印垫, 这将使你的版画更上一层台阶。

简单图案

任何印章都可以用来创作一组重复图案。我使用我们在工坊部分（见第28页）刻制的非常简单的心形印章，用12种特别的图案填满了12页纸。这只是可能形成的组合中的一小部分例子。你甚至无需冒险改变比例或是颜色，只要简单改变印刷图像的间距、方向和组合方式，就会有很多种可能性。

作品展示
简单图案

这三种图案均通过使用第85页上展示的房屋印章的不同部位完成。

用第83页茶壶印章组合的一枚印章，创建出的一整张不错的图案。

用这枚天际线的印章不断重复印之后，作品几乎变成了一个抽象设计。

TIP

当你刻完一枚印章后，我建议你用所有不同的印刷方式去进行试验。尽管你是为了某种特殊目的刻的这枚印章，但你会发现，你仍可以用它来创作许多其他图案和造型。

简单重复

简单重复图样是指朝一个方向印两次以上，营造出一个无缝的图像。当设计一个简单重复图样时，确保左右两边或者上下边对齐。在这个例子中，我们要确保左右两边对齐。

1. 根据尺寸裁剪一块橡胶底版。任何尺寸都可以，只要是能够分成几部分即可。我把这块橡胶底版裁剪成5.5cm×3.8cm。

2. 将你的设计稿直接画在底版上。详见绘制设计稿（如下）就如何对齐设计的相关提示。

3. 刻制印章。你会看到它从左到右完美重复。

绘制设计稿

1. 沿着底版的长边，每隔6毫米画一条直线（图1）。

2. 绘制你的设计稿，用刚才画的线条来帮助你定位设计，这样就可以正确重复（图2）。设计稿右边用箭头标出的地方必须与左边用箭头标出的位置对齐。

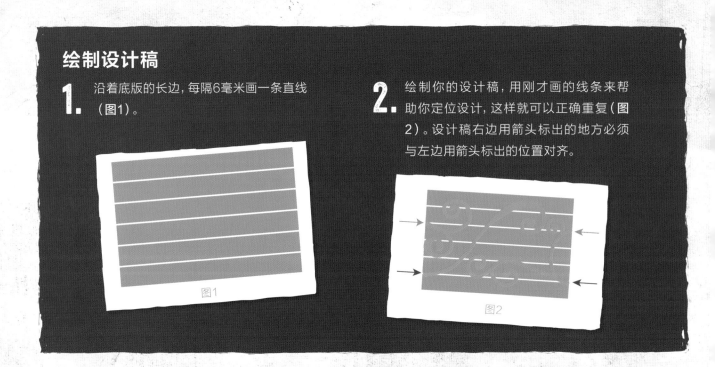

图1

图2

橡胶滚筒印章

简单重复印章乐趣的多样性莫过于刻橡胶滚筒。由于滚筒在滚动时自然会重复的特性，你可以像刻任何平面橡胶那样刻一个橡胶滚筒，而且很容易看到图案排列的正确方式。在橡胶滚筒上得到设计的最简单方式是直接用永久性记号笔画在上面。

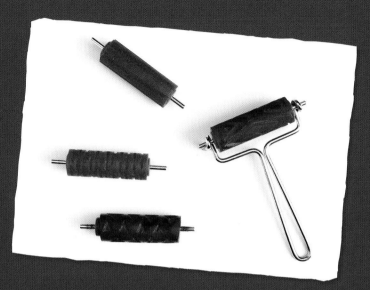

没有很多细节的简单设计最适合刻在橡胶滚筒上。这是因为橡胶滚筒上的橡胶比橡胶底版所使用的橡胶通常要硬一些，而且滚筒是圆形表面，刻滚筒比起刻其他大多数印章而言要棘手一些。因此，可以从诸如一系列围绕滚筒的线条等非常基础的设计开始，直到你逐渐适应雕刻滚筒。

安全提醒： *刻橡胶滚筒时，很容易刻到你自己，这是因为你无法将滚筒平放在桌子上。所以请小心处理你的手指与刀片之间位置。同时，旧滚筒可能由于沾上颜料已经变硬，所以新滚筒比旧滚筒刻起来更简单也更安全。*

这些版画均由橡胶滚筒印章创作而成。

作品展示
简单重复图案

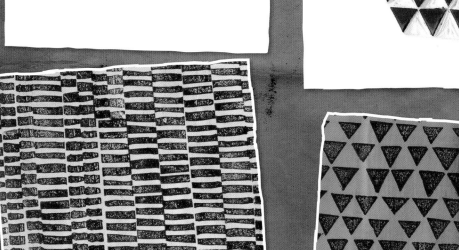

任何被"围起来"的印章，即像这枚一样四周有一条边界围绕的印章，因为没有什么可以阻止它一直叠加，所以你可以重复印下去。

无缝重复

无缝重复指的是一种向任何方向印都会重复的设计。设计并刻制一枚无缝重复印章需要很仔细地测量。你的设计稿无需完美对称，但左右两边和上下两边必须相匹配。

1. 根据大小裁剪一块橡胶底版。任何尺寸都可以，只需要能分成几部分。我将这块底版裁剪成6.5cm×4.5cm的大小。

2. 将设计稿直接画在底版上（详见下一页上的绘制设计稿）。注意，我没有画出小虚线——那些虚线都是我即兴刻制的。

一旦开始刻你的印章，你会看到它上下左右都是无缝连接！你可以选择通过印成单色来最小化实际印章图像，或者通过印成双色或多色来突出图像。

绘制设计稿

1. 沿着底版的长边和短边，每隔6毫米画一条网格线，这样一来，你的底版看上去似乎被网格纸覆盖（图1）。

2. 绘制你的设计稿，用网格线来帮助你定位，使得设计稿得以正确重复。设计稿中用箭头标出的每一部分都必须与底版中对边中箭头所标部分相配（图2）。

图1

图2

镜像重复

　　镜像重复指的是一种图样设计，当你印制两次时，翻转印章180度再印第二次，创作一个单一完整图像。当你设计一枚镜像重复印章时，可能会有些迷茫，因为"镜像"这个单词会引导你假设版画的第二部分是第一部分的影子。不幸的是，不可能简单地在假想的分界线上翻转印章。你必须将印章旋转180度。这意味着为了正常印制，图像必须在两次印刷所得图像相遇处对称。

1. 只需要能沿着长边分成几部分。我将底版裁剪成6.5cm×3.2cm的大小。

2. 将你的设计稿直接绘制在底版上。详见绘制设计稿（下一页）。注意我没有画花朵和背景中作为装饰的点和线。那些点和线均为即兴刻出。

3. 为你的印章上墨并印制一枚版画（图1）。

图1

图2

4. 180度旋转印章并再次印制，与第一次印的图像一边对齐（图2与图3）。

图3

绘制设计稿

1. 每隔6毫米画一条网格线，与底版的长边平行（图1）。

2. 绘制你的设计稿，用网格线来帮助你定位，使得设计稿得以正确重复。设计稿的一边需要触及底版较长一边。这是因为印章将旋转180度，通过你画的线条来确保顶部和底部与镜像边缘相匹配。设计稿中用箭头标出的每一部分必须与相对应的较长一边上用箭头标记的部分相配。将镜像边看作两部分而非一部分，这样思考或许会对大家理解镜像边有所帮助。印章唯一一个需要对称的地方就是镜像边两边（图2）。

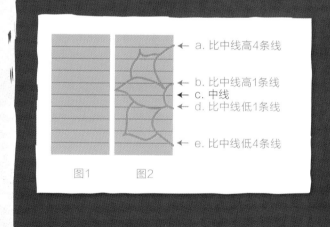

←— a. 比中线高4条线

←— b. 比中线高1条线

←— c. 中线

←— d. 比中线低1条线

←— e. 比中线低4条线

图1　　图2

四分之一重复

　　四分之一重复是镜像重复某种合乎逻辑的延伸（见第118页）。在镜像重复的设计说明中，我说过大家可以将你印章中镜像那条边看作处在两部分之中。这就意味着一件完整的版画可以被看作具有四部分，而不是两部分镜像。四分之一重复正是基于这些考虑并将之变为现实。从本质上而言，你正在通过将小尺幅的单独图像旋转90度四次印刷来创作一大尺幅的单独图像。

1. 为了完美制作这些版画作品，非常重要的一点便是你的底版必须是完美的正方形。裁剪一块任何尺寸的正方形底版。我这块的尺寸为7cm×7cm。

2. 根据绘制设计稿（见第123页）指南，将你的设计稿直接绘制于底版上。你只需绘制设计的匹配部分。余下的部分可以即兴刻制。

图1

图2

图3

图4

3. 刻制你的印章。

4. 为你的印章上墨并印制一幅版画（图1）。

5. 再次上墨。顺时针方向旋转90度后再次印刷，就接着印在第一幅版画边上（图2）。

6. 重复步骤5两次来完成整幅版画（图3和图4）。

图5

图6

图7

7. 如果你的印章设计得正确无误，你也可以沿着对角旋转。这意味着你可以创作一个无缝图案。这样做，设计起来可能有些令人生畏，但真的相当简单，只需要你提前设计好就可以了（图5-7）。

绘制设计稿

1. 沿着底版的长边和短边，每隔6毫米画一条网格线，这样一来，你的底版看上去似乎被网格纸覆盖。这些线条帮助你定位，使得设计稿得以正确重复（我不得不承认自己没有为这枚特殊的印章画线条。我用了目测，所以你会发现版画排列得并不整齐，但整体效果仍然摆在那儿）。指定两个对角作为旋转角（图1）。

2. 在需要相配的对角上做记号（图2）。

3. 绘制你的设计，绘制过程中脑中要记得以下两条原则：

原则1：不旋转的角上没有任何部分需要碰到底版的边（图3）。

原则2：任何接触旋转角一边的部分必须与那个旋转角的另一边相配（图4和图5）。

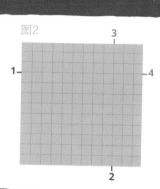

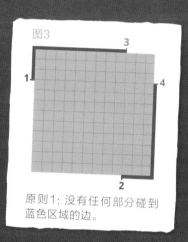

原则1：没有任何部分碰到蓝色区域的边。

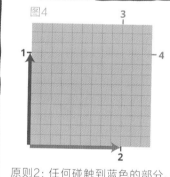

原则2：任何碰触到蓝色的部分，必须与绿色边相匹配。

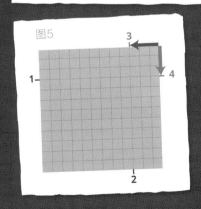

完稿。

作品展示
四分之一重复印章

这里有一些其他四分之一重复印章和版画的例子，你可以用它们进行创作。注意使用不同颜色的油墨或背景能够明显改变同一枚印章印出的效果。

我用这枚印章来创作第126页的绣花手包。

印章游戏

绣花手包

    我总喜欢随身携带一件艺术品，而手包由于轻巧便携，是一件随身携带的理想工艺品。当开始这个缝合项目时，我总会在设计阶段卡壳。然后，我认识到自己可以在印制的设计上刺绣！为了创作这个针线包，我用第125页上的四分之一复制印章蘸取永久性印章墨印在纱布上。接着，我用彩色绣线为设计润色。一旦我感到设计完成了，我会把绣好的布缝到一块油画布上来制作一个独一无二的手包！如果你不是个裁缝，可以考虑买一只预先制作好的手包并用印章印满它。你也可以用颜料添加一些颜色或粘贴一些装饰玻璃珠，来取代绣线。

定制印章垫

我最喜欢做的事情之一就是用四分之一复制印章创作一个印章垫。（你可以为任何印章制作印章垫，但用四分之一重复印章做出来的效果会特别棒。）创作我自己的印章垫，我可以在一枚印章上使用多种彩色油墨。这样做真的可以改变印章的外观并带来如此众多的细节。

1. 使用诸如Archival Ink或StazOn等品牌的永久性油墨来印制你的图像，印到一块自制印泥毡的一面上（图1）。

图1

2. 如果设计的尺寸比你的印章大，用一把剪刀围绕设计稿进行裁剪。

3. 用套印方式为设计填色，用任何你想用的各种颜色。这件印章垫中，我用了七种颜色的油墨（图2-4）。

4. 将印章压到印章垫上进行上墨（图5）。上墨时，确保你的印章和定制印章垫对齐。

图2

5. 印制你的设计（图6-8）。在这个案例中，我使用了一枚四分之一重复印章（见第120页），所以我重复旋转印章并印制来创作这件版画。

TIP 你的定制印章垫如果储存在密封塑料袋中可以使用数周。

图3

TIP 类似制作说明可以在Cut & Dry Stamp Pad Felt包装背面找到。我还有幸使用普通手工艺品商店买的毛毡以及Cut & Dry泡沫，尽管这些材质在上墨时，墨会显得有些"水"（参见第129页上的例子）。

图5

图4

图6

图7

图8

由同一枚印章制作
三件不同的定制印
章垫创作的三件不
同的版画。

三角重复

我制作了许多三角印章。这些印章相当多才多艺，因为它们可以用来创作几种不同类型的图案。

TIP 如果你有从其他印章切下的多余三角形橡胶（正如我经常做的），可以用它们来刻三角印章。

图1

图2

180度转动印章，顺时针和逆时针交替进行，来创作一幅长方形版画。

1. 创作一份纸质模版来裁剪你的底版（参见下一页中的裁剪底版）。

2. 将你的设计稿绘制在你的底版上（参见下一页的绘制设计稿）并进行刻制。

3. 为你的印章上墨并印制成版画（图1）。

4. 逆时针旋转印章90度，再次印刷，与第一张印出的版画对齐（图2）。

图3

5. 逆时针旋转90度并印刷,重复两次,创建一个方形(图3)。

裁剪底版

1. 正如许多图案印章那样,为了使版画看上去完美,非常重要的一点便是仔细裁剪你的底版。在这个例子中,你需要使你的底版大小为完美正方形的四分之一。最简单的方式是从一张纸上剪下一个正方形(我的是7.5cm)。将正方形一折为二,获得一个三角形。

2. 再次折叠纸片。将之作为参照制作一个完美的三角形。

绘制设计稿

1. 三角形最长边面朝下,每隔6毫米画一条网格线,纵横交错,这样你的底版看上去覆盖了一张方格纸。这些线条帮助你定位,使得设计稿得以正确重复。我认为沿着三角形中心开始画线条是个不错的主意(**图1**)。

2. 将三角形的底边看作一面重复的镜子(见第119页;**图2**)。

3. 三角形的另两条边可以当作以相同方式进行的简单重复(见第110页)。你只需要在和你的设计稿匹配的那部分上画草图(**图3**)。其余部分可以即兴裁剪。

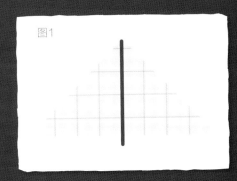

图1

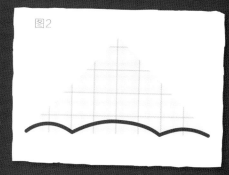

图2

图3

作品展示
三角重复印章

　　你可以在这些例子中看到，三角重复印章是拥有最多用途的图案印章之一。

- 将底部两个顶点连起来创造一个小菱形或方形。
- 将三角形围绕一个轴转四次来创造一个大正方形（类似于四分之一重复，见第120页）。
- 连接两种类型的重复来制作一个大图案。

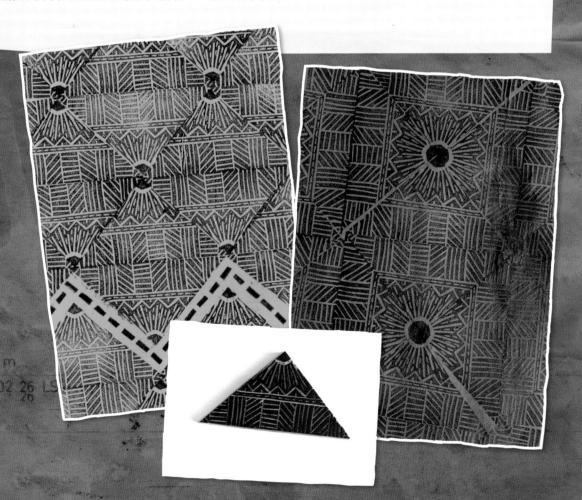

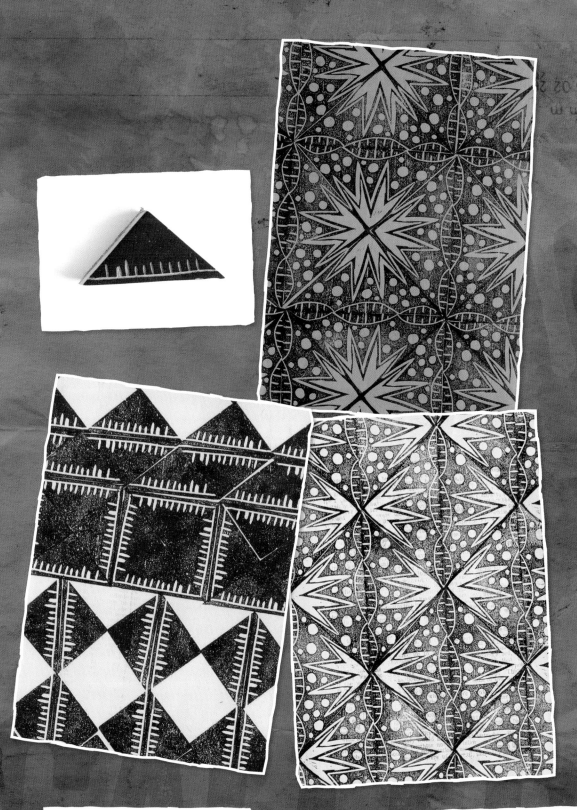

这幅版画展现了用单个三角印章进行
印制的不同方式。

这是另外两种使用三角印章的
方式。

总结

对我而言，刻制印章是进行艺术创作自然而必要的一部分。当我需要一个图案或一个图像时，我会刻一枚印章。事实上，当我看自己收藏中的任何一枚印章时，都能确确实实地告诉你当时为何刻了它。我清楚自己脑海中的对象，为什么最终呈现为那个尺寸，那个造型，以那样的方式去做。

当然，一枚印章的神奇之处在于即便我可能由于某种原因去刻了它，它却不可避免地参与到很多项目中。一枚印章可以是无穷尽的创意之源，我希望对你而言同样如此。在此，我给大家的建议很简单：将你的印章混合在一起创造图案。玩得开心！

脸

我喜欢在印上设计的稿子上画一张脸，这样做可以挖掘出更多的内容，并挖掘出关于人物形象更深层次的故事。

印章拼贴

　　印章是一种创造独特而有趣图案的快捷方式，能够做到完美分层。你可以通过单单应用多种印章创作一件印章拼贴，无论是单色或是七彩！或者，你可以做得复杂些，将印好的纸片拼贴到你的组合中。

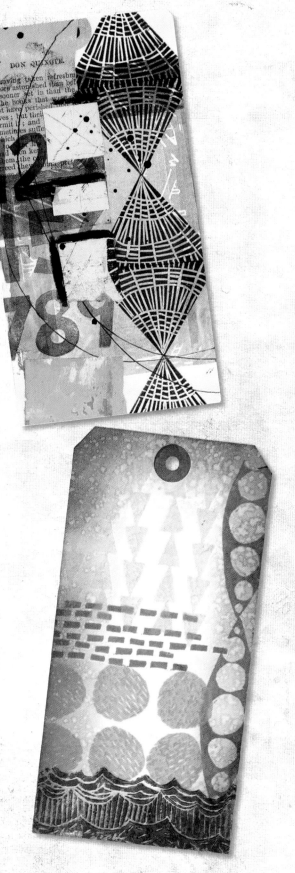

文字

　　无论你是否用一组其他印制的图像来环绕文字，或是让文字通过重复印制来创作属于自己的独特图案，它们都会引导观众的注意力。

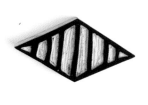

局部

印章最美好的部分之一在于你可以轻而易举地将它们融入你的艺术作品之中，无论占用篇幅的大小。在这些例子中，印章被用来在整件作品中营造凝聚力。

印章游戏

假日礼品标签

　　假日里，我喜欢带上我的印章将物品变废为宝。我将一年里用过的试印标签收集起来，在上面加上简单的表情符号便可以将它们从沾上墨迹的试印标签变成礼品标签。你可以看到我在三枚标签上使用了同样的表情印章，但由于背景不同，每一枚看上去都是独一无二的，非常适合每一件假日礼物的收件人！

印章游戏

手镯

　　我爱穿戴着自己的作品四处走,而这些简单的手镯可以为任何服饰添加色彩和纹样。由于买来的手镯可以摊开放平成一张皮革,很容易在皮革上印制或上色。这是一项如此快捷的项目,以至于你可以及时制作一个赶上今天的晚饭!

TIP

大家可以使用永久性油墨或丙烯颜料来装扮你的手镯。三角图案的手镯中,我只用了油墨,而在圆圈图案和豌豆形图案的手镯上色过程中,我先印上设计稿,再上色以提升设计。

资源

丽唯特（LIQUITEX）

丙烯颜料

PO Box 246
Piscataway, NJ 08855
(888) 4-ACRYLIC (227-9542)
liquitex.com

RANGER

印章墨，滚筒，印泥毡

15 Park Rd.
Tinton Falls, NJ 07724
(732) 389-3535
rangerink.com

樱花（SAKURA）

永久性马克笔

30780 San Clemente St.
Hayward, CA 94544
sakuraofamerica.com

SPEEDBALL

橡胶板，雕刻工具，
滚筒，印刷油墨

2301 Speedball Rd.
Statesville, NC 28677
(800) 898-7224
speedballart.com

月猫（TSUKINEKO）

印章墨

17640 NE 65th St.
Redmond, WA 98052
(425) 883-7733
tsukineko.com

扫二维码查看
ART创意训练营系列更多图书

扫码购买

《创意纸拼贴画》

扫码购买

《创意花绘：
综合材料的花卉艺术实验》

扫码购买

《超简单丙烯画》

扫码购买

《跟着我创意绘画：从城市到大自然，
学会观察生活的综合材料艺术实验》

扫码购买

《金箔艺术工作坊》

扫码购买

《创意涂鸦101：脑洞大开的日常
绘画小练习》

扫码购买

《像凡·高那样创意绘画》

扫码购买

《马克笔创意手绘》

扫码购买

《创意黑白画：
手绘、拼贴、剪纸、雕刻的创意绘画练习》

扫码加入
ART创意美术训练营微信群

更多图书资讯，
敬请关注微博@上海人民美术出版社第一工作室